电路原理 MOOC

学习导学案

主 编　方重秋　游　霞　冯　鹄　王　兵

副主编　李　丹　潘慧梅　唐　宇

西南交通大学出版社
·成 都·

图书在版编目（CIP）数据

电路原理 MOOC 学习导学案 / 方重秋等主编. —成都：
西南交通大学出版社，2020.8（2023.3 重印）
ISBN 978-7-5643-7564-5

Ⅰ. ①电… Ⅱ. ①方… Ⅲ. ①电路理论 Ⅳ.
①TM13

中国版本图书馆 CIP 数据核字（2020）第 158047 号

Dianlu Yuanli MOOC Xuexi Daoxuean

电路原理 MOOC 学习导学案

主编　方重秋　游　霞　冯　鹄　王　兵

责任编辑	梁志敏
封面设计	曹天擎

出版发行	西南交通大学出版社 （四川省成都市金牛区二环路北一段 111 号 　西南交通大学创新大厦 21 楼）
邮政编码	610031
发行部电话	028-87600564　028-87600533
网址	http://www.xnjdcbs.com
印刷	四川森林印务有限责任公司

成品尺寸	185 mm×260 mm
印张	10.5
字数	244 千
版次	2020 年 8 月第 1 版
印次	2023 年 3 月第 2 次
定价	36.00 元
书号	ISBN 978-7-5643-7564-5

课件咨询电话：028-81435775

互联网技术支撑下的全新知识传播模式和学习方式正在颠覆传统的学习模式。目前，在全球高等教育中掀起了大规模开放式在线课程建设浪潮，如较早的 MOOC 以及后面的"SPOC + 翻转课堂"的混合式教学模式。攀枝花学院顺应改革潮流，于 2016—2017—1 学期开始在"电路原理"课程上采用"SPOC + 翻转课堂"的混合式教学模式，经过近 4 年的改革实践，取得了一定成效。

在教学模式改革初期，我们采用的是清华大学于歆杰的电路原理 SPOC 视频资源，该视频 PPT 为英文演示、中文讲解，我校学生学习较为困难。为此，课程团队于 2018 年录制了与我校学生学习情况相符的电路原理 MOOC 视频。为帮助学生进行有效的视频学习，团队老师编写了与视频配套的学习导学案，这也是本书编写的初衷。随着教学模式改革的进行，发现部分学生在进行 MOOC 视频学习时，只为完成任务，学习过于粗略，甚至根本不看视频，故也可以利用本学习导学案起到督促学生预习，检查学习效果的作用。此外，有部分学生反映，看完视频后，不知道知识的重、难点在哪里，若学生的知识点挖掘能力较弱，在学习过程中就不能迅速敏锐地找到核心知识要素，在此基础上的归纳总结也就无从做起。因此，我们也希望通过本教材培养学生的知识点挖掘能力、归纳总结能力及知识应用能力。

经过近 4 年的改革实践，团队老师对知识点的把握、对学生的需求有了更深的理解，编写学习导学案时能更多地从学生角度出发，帮助、督促学生有效完成视频预习，完成知识点挖掘、归纳与总结。

本书与电路原理教学视频既紧密结合，又相对独立。读者扫描对应的教学视频二维码，可以轻松链接到相应的视频进行观看，并结合书中的知识点建立比较完整的知识体系。

本书主编：方重秋，游霞，冯鹄，王兵。副主编：李丹，潘慧梅，唐宇。参编人员：王勤劳，连存虎，刘兴华，周登荣，王聪。

视频资源列表

目录

第一章　电路模型和电路定律

 一、本章导学

1. 知识框图

$$
\text{电路模型和电路定律}
\begin{cases}
\text{电路和电路模型}
\begin{cases}
\text{电路}\begin{cases}\text{功能}\\\text{组成}\end{cases}\\
\text{理想电路元件}\begin{cases}\text{理想电阻元件}\\\text{理想电感元件}\\\text{理想电容元件}\\\text{理想电源}\end{cases}\\
\text{集总参数电路}\begin{cases}\text{集总条件}\\\text{集总元件}\end{cases}
\end{cases}\\
\text{参考方向}\begin{cases}\text{参考方向、实际方向}\\\text{关联、非关联}\end{cases}\\
\text{电功率和能量}\begin{cases}\text{定义}\\\text{吸收、发出的判断}\end{cases}\\
\text{电路元件}
\begin{cases}
\text{电阻元件}\begin{cases}\text{定义}\\\text{约束方程}\end{cases}\\
\text{电压源和电流源}\begin{cases}\text{定义}\\\text{约束方程}\end{cases}\\
\text{受控源}\begin{cases}\text{VCVS（电压控制电压源）}\\\text{VCCS（电压控制电流源）}\\\text{CCVS（电流控制电压源）}\\\text{CCCS（电流控制电流源）}\end{cases}
\end{cases}\\
\text{基尔霍夫定律}\begin{cases}\text{支路、节点、回路}\\\text{基尔霍夫电流定律}\\\text{基尔霍夫电压定律}\end{cases}
\end{cases}
$$

2. 学习目标

（1）掌握电路的基本组成，了解电路模型的建立。

（2）掌握电流和电压的基本概念、电流和电压参考方向的设定。

（3）掌握关联参考方向的含义及运用。

（4）掌握功率的表达式，学会吸收、发出功率的判断和计算方法。

（5）掌握理想电阻元件及其伏安特性、独立源和受控源。

（6）掌握基尔霍夫定律的基本内容，学会用基尔霍夫定律进行简单电阻电路的分析计算。

3. 重、难点

重点：参考方向、功率、电阻元件的约束方程、电压源、电流源的元件特性、基尔霍夫定律。

难点：功率、基尔霍夫定律。

4. 本章考点

（1）电压和电流的参考方向设定。
（2）电阻元件的定义及约束方程。
（3）电功率的计算及吸收、发出功率的判断。
（4）电压源、电流源的定义及元件特性。
（5）基尔霍夫定律的内容及灵活运用。

 ## 二、知识点的总结与应用

（一）视频：绪论，电路和电路模型

绪论，电路和
电路模型

1. 视频知识点归纳总结

（1）由电工设备和电气器件按预期目的连接构成的_____的通路，称为电路。

（2）电路的功能主要有：_____，_____。

（3）电路主要由_____、_____和_____等组成。

（4）电源的主要作用是_____。激励是电源或信号源的_____。

（5）负载的主要作用是_____。响应是指激励在电路各部分产生的_____。

（6）电路模型是反映实际电路部件的_____的理想电路元件的组合。理想电路元件是指_____和_____的基本结构。

（7）5种基本的理想电路元件的电磁性能分别为：理想电阻元件表示_____的元件，理想电感元件表示_____的元件，理想电容元件表示_____的元件，理想电压源和理想电流源表示_____的元件。

（8）对电路模型的理解，应注意：

① 具有相同的主要电磁性能的实际电路部件，在一定条件下可用_____（同一/不同）电路模型表示；

② 同一实际电路部件在不同的应用条件下，其电路模型可以有_____（相同/不同）的形式。

（9）集总元件是指假定发生的电磁过程都_____。当电路的几何尺寸 d_____电路工作频率下的波长 λ 时，就可以认为满足集总条件，视为集总参数电路。

2．知识点的应用

（1）请列举现实生活中的一个实际电路，画出其电路模型，指出其电路组成的各部分及作用。

（2）请画出 5 个基本理想电路元件的图形符号。

（3）请查阅资料：50 Hz 交流电的波长 λ = _____。500 km 的输电线路_____（是/不是）集总参数电路。不满足集总条件的电路称为_____。

（二）视频：参考方向，电功率和能量

参考方向，
电功率和能量

1．视频知识点归纳总结

（1）根据定义，电流强度的公式为_____。规定_____运动的方向为电流的实际方向。由于_____或_____，电流的实际方向往往很难事先判断。

（2）电流的参考方向是指_____。如果电流的参考方向与实际方向一致，那么电流 i___0；如果电流的参考方向与实际方向相反，那么电流 i___0。由此可见，引入参考方向的概念后，电流就是一个_____，其值的正负表示实际方向与参考方向的关系。

（3）电流参考方向的表示方法有两种：一是用_____表示；二是用_____表示。

（4）根据定义，电压的公式为_____。规定_____的方向为电压的实际方向。

（5）电压的参考方向是指＿＿＿＿＿＿＿＿＿＿＿＿＿＿＿＿＿＿＿。若 $u>0$，表示＿＿＿＿＿＿＿＿＿＿＿＿＿；若 $u<0$，表示＿＿＿＿＿＿＿＿＿＿＿＿＿＿＿。

（6）电压参考方向的表示方法有三种：一是用＿＿＿＿＿＿＿表示；二是用＿＿＿＿＿＿＿＿表示；三是用＿＿＿＿＿＿＿表示。

（7）关联参考方向是指＿＿＿＿＿＿＿＿＿＿＿＿＿＿＿＿＿＿。反之，称为＿＿＿＿＿＿＿＿＿＿。

（8）根据定义，电功率的公式为 $p =$＿＿＿$=$＿＿＿，表示＿＿＿＿＿＿＿＿。

（9）功率计算公式为 $p =$＿＿＿＿＿＿

① u、i 为关联参考方向，p 表示的是＿＿＿＿（吸收/发出）功率。若 $p>0$ 表示该元件实际＿＿＿＿（吸收/发出）功率；若 $p<0$ 表示该元件实际＿＿＿＿（吸收/发出）功率；

② u、i 为非关联参考方向，p 表示的是＿＿＿＿（吸收/发出）功率。若 $p>0$ 表示该元件实际＿＿＿＿（吸收/发出）功率；若 $p<0$ 表示该元件实际＿＿＿＿（吸收/发出）功率。

2. 知识点的应用

（1）为什么要引入参考方向？

答：＿＿＿＿＿＿＿＿＿＿＿＿＿＿＿＿＿＿＿＿＿＿＿＿＿＿＿＿＿＿＿

（2）电流的参考方向有＿＿＿＿＿种表示方法，电压的参考方向有＿＿＿＿＿种表示方法，请在图 1.1 中分别画出采用这些表示方法的电路（以电阻元件为例）。

电流参考方向表示方法	电压参考方向表示方法

图 1.1　参考方向的表示方法

（3）引入参考方向的概念后，电流、电压的数值就是一个代数量，其值可正可负，其数值的正负表示＿＿＿＿＿＿＿＿＿＿＿＿＿＿＿＿＿＿＿＿＿。

在图 1.2（a）中，若 $I = 1$ A，表示电阻中电流的实际方向为从＿＿＿＿流到＿＿＿＿，若 $I = -2$ A，则表示电阻中电流的实际方向为从＿＿＿＿流到＿＿＿＿。

在图 1.2（b）中，若 $U = 3$ V，表示电阻中电压的实际方向为从＿＿到＿＿电压降低；若 $U = -3$ V，则表示电阻中电压的实际方向为从＿＿＿到＿＿＿电压降低。

图 1.2

（4）请标注图 1.3 中电阻的电压、电流的参考方向，要求：（a）图中电压电流方向为关联参考方向；（b）图中电压电流方向为非关联参考方向。

图 1.3

（5）试求图 1.4 所示各段电路吸收或发出的功率。

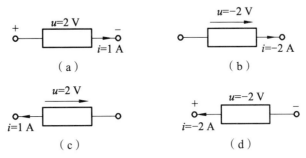

图 1.4

（三）视频：电阻元件，电压源

电阻元件，
电压源

1. 视频知识点归纳总结

（1）R 在电路中表示＿＿＿元件，它的单位是＿＿＿＿，请画出它的电路符号＿＿＿＿＿＿＿＿＿＿＿。G 表示＿＿＿＿，它的单位是＿＿＿＿，它与电阻的关系是 $G=$＿＿＿＿。

（2）若电压电流参考方向相关联时，欧姆定律表示为 $u=$＿＿＿＿＿；若电压电流参考方向非关联时，欧姆定律表示为 $u=$＿＿＿＿。

（3）当电路 $R=0$ 时，电路＿＿＿＿（开路/短路），此时＿＿＿＝0（填 u/i）；当电路 $R=\infty$ 时，电路＿＿＿＿（开路/短路），此时＿＿＿＝0（填 u/i）。

（4）电阻的功率计算。$P=$＿＿＝＿＿＿＝＿＿＿，且电阻的 $P_{吸}\geqslant0$，即电阻都是吸收功率，所以电阻是耗能元件，消耗电能。

（5）请画出独立电压源的电路符号＿＿＿＿＿，它的＿＿＿＿＿（电压/电流）由其本身决定，＿＿＿＿＿＿（电压/电流）由外电路决定。独立电压源可以＿＿＿＿＿＿（开路/短路），不能＿＿＿＿＿（开路/短路）。

2. 知识点的应用

（1）请列举在实际的生活生产中，有哪些元件设备在电路中能够用电阻元件作为其模型？

（2）电阻能为负值吗？

（3）我们在应用电阻时，只需要考虑电阻的阻值吗？

电流源，受控源

（四）视频：电流源，受控源

1. 视频知识点归纳总结

（1）请画出独立电流源的电路符号_____，它的_____（电压/电流）由其本身决定，_____（电压/电流）由外电路决定。独立电流源可以_____（开路/短路），不能_____（开路/短路）。

（2）在电源的外部电流是从_____（高/低）电位流向_____（高/低）电位，从电压_____（正/负）极流向_____（正/负）极，所以我们一般习惯将电源上的电压、电流标为_____（关联/非关联）参考方向。

（3）线性受控电源有以下四种类型：_____、_____、_____、_____。受控电源是_____端元件。请画出四种受控源的电路符号。

（4）受控电源和独立电源的区别在于：① 独立电压源的电压和独立电流源的电流只由_____决定，而受控源的电压或电流受_____控制。② 独立电源在电路中提供能量，作为"激励"和"信号源"，而受控电源在电路中不提供能量，仅反映控制量和被控制量之间的函数关系，因此在电路中不能作为_____。

2. 知识点的应用

（1）在指定的电压 u 和电流 i 的参考方向下，写出下图各元件 u 和 i 的约束方程（即 VCR）。

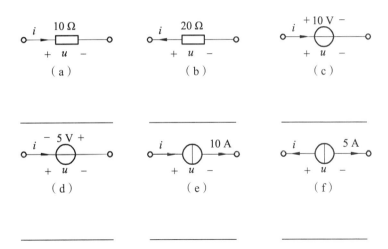

图 1.5

（2）求图 1.6 所示电路中受控电压源的端电压和它的功率。

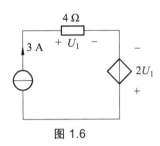

图 1.6

（3）求图 1.7 所示电路中受控电流源的电流和它的功率。

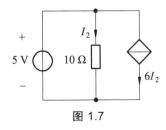

图 1.7

（五）视频讲解：基尔霍夫定律

基尔霍夫定律

1. 视频知识点归纳总结

（1）几个名词解释。

① 支路（branch）是指＿＿＿＿＿＿＿＿＿＿＿＿＿＿＿＿＿＿＿＿＿。

② 节点（node）是指＿＿＿＿＿＿＿＿＿＿＿＿＿＿＿＿＿＿＿＿＿。

③ 路径（path）是指＿＿＿＿＿＿＿＿＿＿＿＿＿＿＿＿＿＿＿＿＿。

④ 回路（loop）是指＿＿＿＿＿＿＿＿＿＿＿＿＿＿＿＿＿＿＿＿＿。

⑤ 网孔（网格）（mesh）是指＿＿＿＿＿＿＿＿＿＿＿＿＿＿＿＿＿。

（2）基尔霍夫定律包括＿＿＿＿＿＿＿＿＿＿和＿＿＿＿＿＿＿＿＿＿。

（3）基尔霍夫电流定律（Kirchhoff's Current Law），简称为＿＿＿＿＿，可

概述为_____，其表达式为_____。

（4）基尔霍夫电压定律（Kirchhoff's Voltage Law），简称为_____，可概述为_____，其表达式为_____。

（5）由前面所讲的知识，可得出：_____与_____构成了电路分析的基础，是电路分析的两大类约束：_____和_____。

2. 知识点的应用

（1）电路如图 1.8 所示，该电路的支路数 $b=$ _____，结点数 $n=$ _____，回路数 $l=$ _____，网孔有_____个（请在图上标出）。

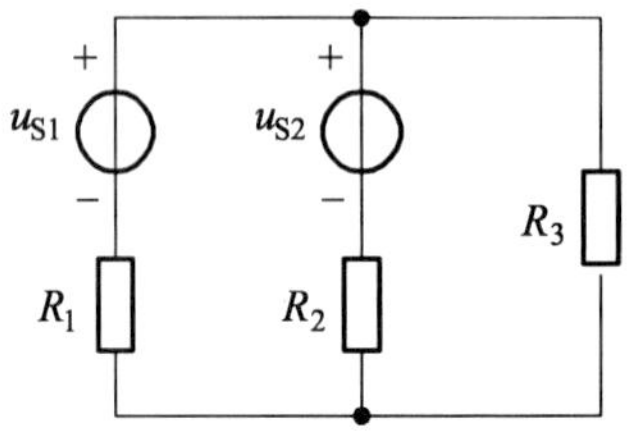

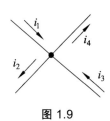

图 1.8

（2）电路如图 1.9 所示，该电路的 KCL 方程为_____，由此可得出 KCL 方程的另一种表达式_____。

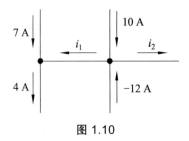

图 1.9

（3）电路如图 1.10 所示，由 KCL 可得 $i_1=$ _____，$i_2=$ _____。

图 1.10

（4）电路如图 1.11 所示，由 KCL 可得_____。

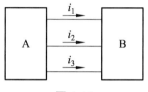

图 1.11

（5）电路如图 1.12 所示，由 KCL 可得 i_1 与 i_2 的关系为_____。

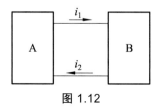

图 1.12

（6）电路如图 1.13 所示，由 KCL 可得 $i =$ _____。

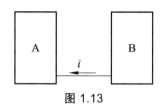

图 1.13

（7）电路如图 1.14 所示，写该电路的 KVL 方程为_____（电路取顺时针绕向，电压降为正），由此可得出 KVL 方程的另一种表达式_____，$u_{AB} =$ _____。

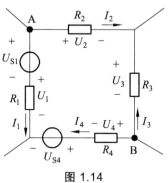

图 1.14

第二章 电阻电路的等效变换

一、本章导学

1. 知识框图

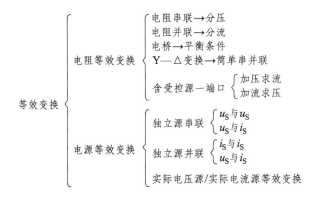

2. 学习目标

（1）掌握等效二端网络的定义、二端网络的等效化简。

（2）掌握电阻串并联的等效变换，了解 Y—△ 电阻网络等效互换。

（3）掌握独立电压源、独立电流源的串并联等效。

（4）掌握实际电源的两种模型以及等效变换。

（5）掌握输入电阻的定义、输入电阻的求解以及含受控源电路的等效。

3. 重、难点

重点：等效二端网络的定义、二端网络的等效化简、输入电阻的求解。

难点：等效二端网络的定义、二端网络的等效化简、Y—△ 电阻网络的等效互换、含受控源电路的等效。

4. 本章考点

（1）电阻串并联的等效求解。

（2）电源的等效变换求解。

（3）输入电阻的求解。

二、知识点的总结与应用

（一）视频：电阻的串并联及 Y—△连接

电阻的串、并联及
Y—△互换

1. 视频知识点归纳总结

1）等效的概念

（1）二端网络（电路）是指_____
_____，也称为_____。

（2）二端电路的等效是指两个二端电路在端口上具有相同的_____
_____。等效是指_____（对内/对外）等效，而_____
_____（对内/对外）不等效。

2）电阻的串、并联

（1）电阻串联满足的条件_____。

（2）电路如图 2.1（a）所示，则其等效电阻 R_{eq} = _____，各
电阻上的电压 u_k = _____，说明其电压与_____成正比，这是
串联电阻的_____公式。等效电阻消耗的功率等于_____
_____。

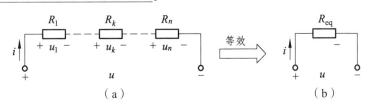

（a）　　　　　　　　　　（b）

图 2.1

（3）电路如图 2.2 所示，则 u_1 = _____，u_2 = _____。

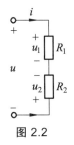

图 2.2

（4）电阻并联满足的条件_____。

（5）电路如图 2.3（a）所示，则其等效电导 G_{eq} = _____，各
电阻中的电流 i_k = _____，说明其电流与_____成正比，这是
并联电阻的_____公式。

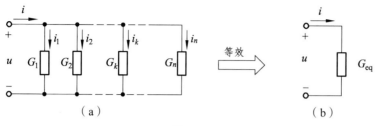

图 2.3

（6）电路如图 2.4 所示，则 $i_1 =$ _____，$i_2 =$ _____。

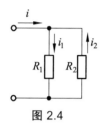

图 2.4

3）电桥平衡

如图 2.5（a）、（b）所示的电路叫_____，当满足条件_____时，称为电桥平衡；当电桥平衡时，R_5 可看作_____或_____。

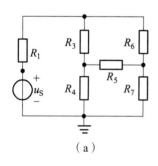（a）　　　　　　　　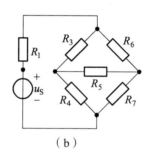（b）

图 2.5

4）Y—△电阻网络等效变换

（1）在如图 2.6 所示的电路中，当 $u_{12Y} =$ _____、$u_{23Y} =$ _____、$u_{31Y} =$ _____、$i_{1Y} =$ _____、$i_{2Y} =$ _____、$i_{3Y} =$ _____，则 Y—△ 电阻网络相互等效。

（2）试写出 Y—△ 电阻网络相互等效公式。

① Y→△：　　　　　　　　　　　　② △→Y：

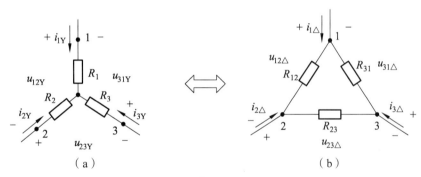

图 2.6

③ 若 $R_1 = R_2 = R_3 = R_Y$，则 $R_\triangle =$ _____。

2. 知识点的应用

（1）电路如图 2.7 所示，画出你能看懂的串并联电阻的电路图，求其等效电阻 R_{eq}。

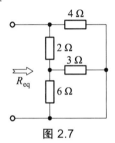

图 2.7

（2）电路如图 2.8 所示，画出你能看懂的串并联电阻的电路图，求其等效电阻 R_{ab}。

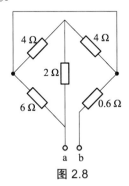

图 2.8

（3）电路如图 2.9 所示，求支路电流 I_1、I_2、I_4、I_5。

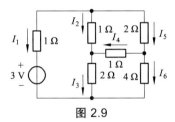

图 2.9

（4）利用 Y—△ 等效变换，求图 2.10 中 a、b 端的等效电阻 R_{ab}。

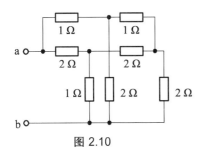

图 2.10

（5）试用下述两种方法，利用 Y—△ 等效变换，求图 2.11 中 a、b 端的等效电阻 R_{ab}（画出等效过程）。

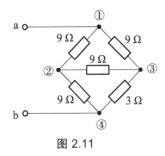

图 2.11

方法一：将节点①、②、③之间的三个 9 Ω 电阻构成的△形变换为 Y 形。

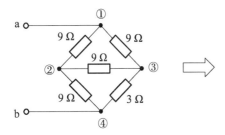

方法二：将节点①、③、④与作为内部公共节点的②之间的三个 9 Ω 电阻构成的 Y 形变换为△形。

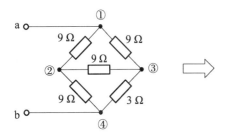

（二）视频：电源的串、并联和实际电源模型

电源的串、并联及
实际电源模型

1. 视频知识点归纳总结

1）理想电压源的串并联

（1）理想电压源的串联。

如图 2.12（a）所示，n 个电压源串联，可以用一个电压源等效代替，如图 2.12（b）所示。这个等效电压源的激励电压 u_S = _____，即 $u_S = \sum u_{Sk}$，u_{Sk} 前面 "+" "−" 号确定原则为：_____。

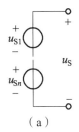 

（a）　　　　　　　　　　　（b）

图 2.12

（2）理想电压源的并联。

如图 2.13（a）所示，两个理想电压源并联，当满足_____时，可以用一个电压源等效代替，如图 2.13（b）所示。这个等效电压源的激励电压为 u_S = _____，即只有大小_____且_____一致的电压源才允许并联，其等效电路为其中任意_____，但这个并联组合向外部提供的电流在各个电压源之间如何分配无法确定。

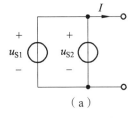 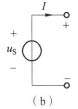

（a）　　　　　　　　　　　（b）

图 2.13

（3）电压源与其他元件的并联。

电路如图 2.14（a）所示，试画出其等效电路图。由此可总结：任一_____元件与电压源并联对外电路来说，就等效于_____，并联元件对外电路不起作用。

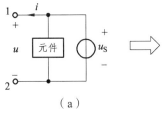

（a）　　　　　　　　　　（b）等效电路

图 2.14

2）理想电流源的串并联

（1）理想电流源的并联。

如图 2.15（a）所示，n 个电流源并联，可以用一个电流源等效代替，如图 2.15（b）所示。这个等效电流源的激励电流为 $i_S = \sum i_{Sk}$，i_{Sk} 前面 "＋" "－" 号确定原则为：_____。

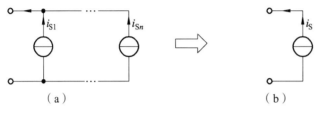

图 2.15

（2）理想电流源与其他元件的串联。

电路如图 2.16（a）所示，试画出其等效电路图。由此可总结：任一_____ _____元件与电流源串联对外电路来说，等效于_____，串联元件对外电路不起作用。

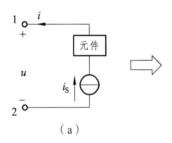

（a）   （b）等效电路

图 2.16

3）实际电源模型

（1）画出实际电压源模型，并写出其伏安关系表达式，画出其伏安特性曲线。

R_s 越_____，实际电压源越接近理想电压源。

（2）画出实际电流源模型，并写出其伏安关系表达式，画出其伏安特性曲线。

G_s 越_____，实际电流源越接近理想电流源。

4）实际电源的等效变换

（1）由实际电源模型可知，当满足_____和_____时，实际电压源和实际电流源可互相等效。此外，在进行电源的等效变换时，还得注意电压、电流的方向，其方向的关系是_____。

（2）独立电源的等效变换规律仍然可用于受控源，试画出图 2.17 中受控源的等效电路模型。

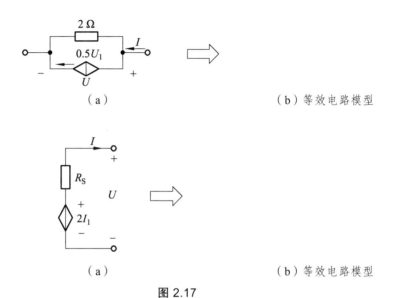

（a）   （b）等效电路模型

（a）   （b）等效电路模型

图 2.17

注意：等效的相对性是指等效是对外电路等效，对内不等效。

2. 知识点的应用

（1）将图 2.18 中电路化为最简形式的等效电路（**画出等效过程**）。

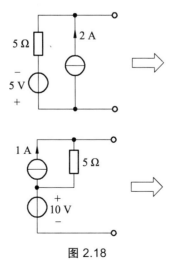

图 2.18

（2）利用电源的等效变换，求图 2.19 所示电路中的电流 I（画出其等效过程）。

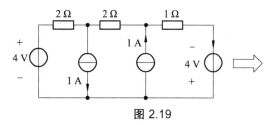

图 2.19

（三）视频：输入电阻

输入电阻

1. 视频知识点归纳总结

（1）如图 2.20 所示的无源二端网络，输入电阻可定义为＿＿＿＿＿＿＿＿与

＿＿＿＿＿＿＿＿之比，即 $R_{\mathrm{in}} = \dfrac{u}{i}$。

图 2.20

（2）对于纯阻性无源二端网络，求输入电阻的方法有＿＿＿＿＿、＿＿＿＿＿＿

和＿＿＿＿＿三种。

（3）对于含受控源的无源二端网络，求输入端电阻的方法有＿＿＿＿＿＿＿＿

和＿＿＿＿＿＿＿＿两种。

2. 知识点的应用

（1）电路如图 2.21 所示，分别用加压求流和加流求压法求输入电阻 R_{in}。

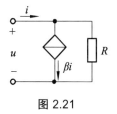

图 2.21

（2）电路如图 2.22 所示，求 R_{in} = _____。（写出求解过程。）

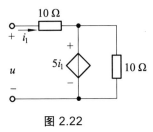

图 2.22

（3）电路如图 2.23 所示，求输入电阻 R_{ab}。

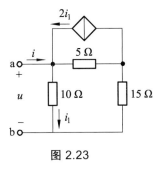

图 2.23

（4）电路如图 2.24，求输入电阻 R_{ab}。

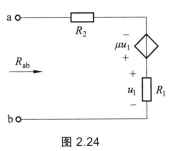

图 2.24

（5）电路如图 2.25，求输入电阻 R_{ab}。

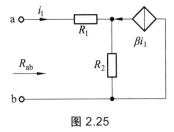

图 2.25

第三章　电阻电路的一般分析

一、本章导学

1. 知识框图

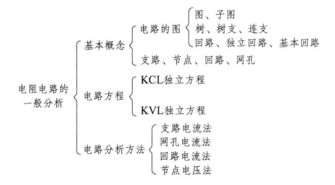

2. 学习目标

（1）了解电路的图的相关概念，掌握树、树支、连支、回路、独立回路、基本回路的概念。

（2）掌握 KCL 和 KVL 独立方程数的确定。

（3）了解支路电流法的基本概念。掌握用支路电流法分析计算电路的基本方法。掌握回路电流（网孔电流）的概念。

（4）掌握回路电流法求解电路的原理及方法，理解回路电流法与网孔电流法的异同。

（5）掌握节点电压的概念，掌握节点电压法求解电路的原理及方法。

3. 重、难点

重点：树、独立回路、基本回路组、KCL 和 KVL 独立方程数，用支路电流法分析计算电路的基本方法，回路电流方程、节点电压方程的列写。

难点：树、基本回路组，用支路电流法列方程时对特殊节点、特殊回路的处理，几种特殊电路用回路电流法、节点电压法求解时的处理方法。

4. 本章考点

（1）电路的图的相关概念。

（2）KCL 和 KVL 的独立方程数。

（3）用支路电流法分析计算电路。

（4）用回路（网孔）电流法分析计算电路。

（5）用节点电压法分析计算电路。

 二、知识点的总结与应用

（一）视频：电路的图，KCL 和 KVL 的独立方程数

1. 视频知识的归纳总结

（1）电路的图由_____和_____构成，图中的节点和支路各自是一个_____。移去图中支路，与之相关联的节点_____；移去节点，与之相连的支路_____。

（2）路径是指_____。

（3）连通图是指_____。

（4）子图是指_____。

（5）树（tree）是连通图的子图，必须满足_____、_____和_____三个条件。树支是指_____；连支是指_____。一个有 n 个节点、b 条支路的电路有很多树，对于不同的树，树支数相等为_____；连支数也相等为_____；树支数与连支数之和为_____。

（6）回路是指_____，必须满足_____和_____两个条件。基本回路也称_____，基本回路数与_____和_____数目相等，一个图有_____个基本回路。

（7）KCL 的独立方程数：对于有 n 个节点的电路，由于每支路与两节点相连，对每个节点都列 KCL 方程所得方程_____（是/不是）独立的。对 $n-1$ 个节点列 KCL 方程_____（是/不是）独立的。从树的基本知识可知树支数是_____个，所以独立的 KCL 方程数与树支数_____（相等/不等），等于_____个。

（8）KVL 的独立方程数：基本回路组是由_____构成。由于每一个基本回路仅含一条连支，且这一连支_____（会/不会）出现在其他基本回路中，所以基本回路组_____（是/不是）独立回路组，根据基本回路列出的 KVL 方程_____（是/不是）独立方程。从树的基本知识我们知道连支数_____（等于/不等）基本回路数，所以独立的 KVL 方程数与连支数_____（相等/不等），对 n 个节点、b 条支路的电路，其独立的 KVL 方程数是_____。

2. 知识点的应用

请画出图 3.1 的一棵树，分别指出其树支和连支，并列出其基本回路。

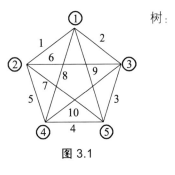

树：

图 3.1

树支：_____

连支：_____

基本回路：_____ _____

_____ _____

_____ _____

规律：_____

（二）视频：支路电流法

支路电流法

1. 视频知识点归纳总结

（1）支路电流法是以_____为未知量列写电路方程分析电路的方法。对于有 n 个节点、b 条支路的电路，要求解所有支路电流，未知量共有_____个。只要列出_____个独立的电路方程，便可以求解这些变量。

（2）支路法的实质是列写_____和_____方程。对于有 n 个节点、b 条支路的电路，任意选择_____个节点列写_____方程，任意选择_____个独立回路列写_____方程。

（3）支路电流法解题步骤：

_____

_____

_____

_____

（4）电路中含有理想电流源时，用支路电流法求解列方程时的两种处理方法：

① _____

_____

② _____

（5）电路中含有受控源时，用支路电流法求解列方程时的处理方法：

_____

_____

2. 知识点的应用

（1）电路如图 3.2 所示，请用支路电流法列写方程。

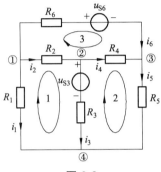

图 3.2

节点①：_____

节点②：_____

节点③：_____

回路 1：_____

回路 2：_____

回路 3：_____

（2）电路如图 3.3 所示，请用支路电流法列写方程。（画出回路绕行方向，并编号。）

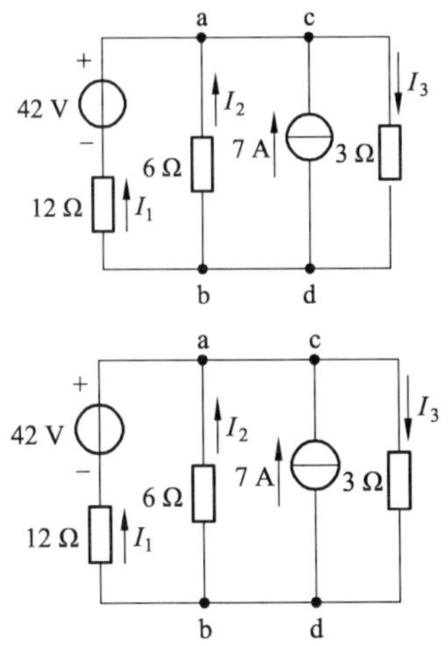

图 3.3

方法一：

_____

_____

_____

方法二：

_____

_____

_____

（3）电路如图 3.4 所示，请用支路电流法列写方程。

节点 a：_____

回路 1：_____

回路 2：_____

增补方程：_____

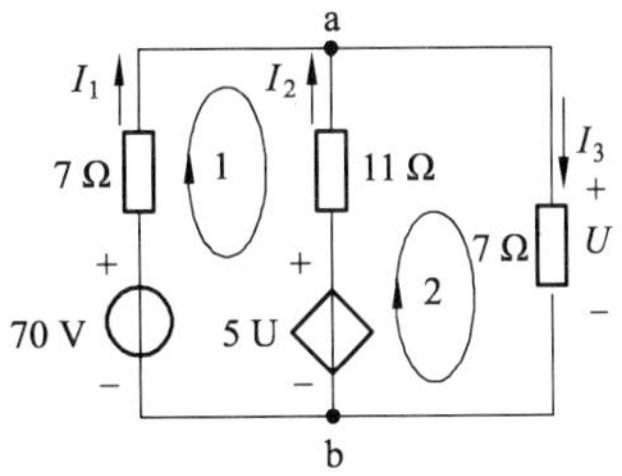

图 3.4

（三）视频：回路电流法和网孔电流法

回路电流法

1. 视频知识点归纳总结

（1）对于有 n 个节点、b 条支路的电路，回路电流法是以_____个_____为未知量，选取_____个独立_____列写_____个独立_____方程，联立方程，求解未知量的电路分析方法。

（2）请写出有 l 个独立回路的电路其回路电流法方程的标准形式：

_____

_____

_____

其中自电阻是指_____电阻，自电阻总为_____，互电阻是指_____电阻，当流过互电阻的回路电流方向一致时，互电阻取_____，否则互电阻取_____。回路电流法方程右边为电压（升/降）_____之和。

（3）不含受控源的电路，回路电流法方程中左边的系数矩阵有_____特点。

（4）回路电流法分析电路的一般步骤：

_____

_____

_____

（5）回路电流法中特殊支路的处理：

① 无伴电流源支路的处理：两种方法。

方法一：设独立电流源的_____为未知量，增加增补方程，即找_____和_____之间的关系。

方法二：选取合适的_____，使_____仅属于一个回路，则该回路的_____已知，就可以少列一个回路电流方程。

② 受控源支路的处理方法。

将受控电源当作_____列方程，由于受控电源有_____，所以引入了新的未知量，需增加增补方程，即找_____和_____之间的关系。

（6）网孔电流法是对平面电路选取_____作为独立回路，以_____电流为未知量列_____个 KVL 方程，联立方程求解未知量的电路分析法。

（7）回路电流法和网孔电流法有何不同？

_____

_____

2. 知识点的应用

（1）请列写图 3.5 的回路电流方程，并列写求支路电流 i 的表达式。

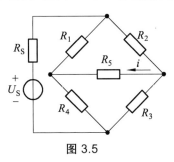

图 3.5

（2）用回路电流法列写方程。

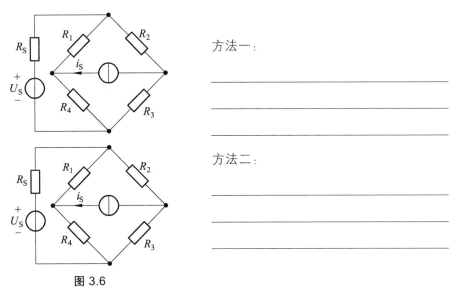

方法一：

_____

_____

_____

方法二：

_____

_____

_____

图 3.6

（3）请列写图 3.7 所示电路的回路电流方程。

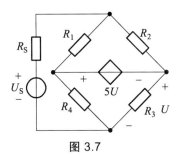

图 3.7

（四）视频：节点电压法

节点电压法

1. 视频知识点归纳总结

（1）节点电压法是以_____为未知量列写电路方程分析电路的方法，适用于节点_____的电路。

（2）节点电压法的基本思想是选择_____作为求解变量，各支路电流、电压可视为_____的线性组合，求出_____后，便可方便地得到各_____。

（3）节点电压法列写的是节点上的 KCL 方程，独立方程数为_____个，与支路电流法相比，方程数减少_____个。

（4）任意选择参考点：其他节点与参考点的电压差即是_____，方向_____。

（5）自电导等于接在节点 i 上所有_____（包括电压源与电阻串联支路），总为_____。

（6）互电导，等于接在节点 i 与节点 j_____，总为_____。

（7）流入节点 i 的所有_____（包括电压源与电阻串联支路等效的电流源）。

（8）无伴电压源支路的处理，①_____；
②_____。

（9）对含有受控电源支路的电路，可先把受控源看作_____按上述方法列方程，再将_____用_____表示。

（10）列写电路的节点电压方程，与_____不参与列方程。

2. 知识点的应用

（1）请写出有 n 个独立节点的电路其节点电压法方程的标准形式。

（2）请总结节点电压法分析电路的一般步骤。

（3）试列写图 3.8 所示电路的节点电压方程。

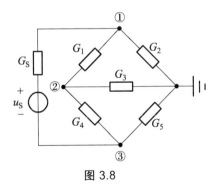

图 3.8

（4）节点电压法中特殊支路的处理。

① 无伴电压源支路如何处理？

方法一：设独立电压源的_____为未知量，增加增补方程，即找_____和_____之间的关系。

方法二：选取合适的_____，使某_____已知，就可以少列一个节点电压方程。

电路如图 3.9 所示，请列写电路的节点电压方程。

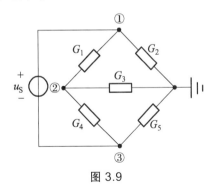

图 3.9

② 受控源支路如何处理？

将受控电源当作_____列写方程，由于受控电源有_____，所以引入了新的未知量，需增加增补方程，即找_____和_____之间的关系。

（5）电路如图 3.10 所示，请列写电路的节点电压方程。

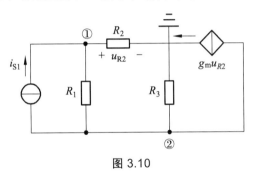

图 3.10

第四章　电路定理

 一、本章导学

1. 知识框图

线性电路
- 叠加定理
  - 独立源分别单独作用
    - 电压源不作用：短路
    - 电流源不作用：开路
  - 受控源保持不变
  - 只适用于求电压电流，不适用于求功率
- 戴维宁定理
  - 开路电压：所有线性电路的求解方法
  - 等效电阻
    - 无受控源：电阻串并联、Y—△变换、电桥平衡
    - 有受控源：加压求流、加流求压、开路电压和短路电流
  - 应用场合
    - 求一条支路的电压和电流
    - 最大功率传输
- 诺顿定理
  - 短路电流：所有线性电路的求解方法
  - 等效电阻：与戴维宁定理相同
- 注意：并不是任何有源一端口都同时存在戴维宁和诺顿两个等效电路

任意集总参数电路
- 替代定理
  - 与等效的区别：仅在当前工作点与原电路等效
  - 替代条件
    - 替代前后电路有唯一解
    - 被替代的电路与电路其他部分没有耦合
- 特勒根定理
- 互易定理
  - 除数值关系外，注意电压电流的参考方向约定

2. 学习目标

（1）熟练掌握叠加原理、戴维南定理、诺顿定理在电路中的应用，最大功率传输定理。

（2）了解特勒根定理、替代定理、互易定理、对偶原理。

3. 重、难点

重点：叠加原理、戴维南定理、诺顿定理、最大功率传输定理的应用。
难点：用叠加原理和戴维南定理分析含受控源电路。

4. 本章考点

（1）叠加定理求解电压电流。
（2）应用戴维宁定理，求解最大功率传输。

二、知识点的总结与应用

叠加定理

（一）视频：叠加定理

1. 视频知识点归纳总结

（1）线性电路是指由线性元件和独立源构成的电路，线性电路具有_____和_____两个性质。

（2）叠加定理是指在线性电路中，任何一条支路的_____或_____都是电路中各个_____单独作用时，在该支路产生的电流或电压的_____。

（3）叠加定理的总结

① 叠加定理适用于_____（线性/非线性），不适用于_____（线性/非线性）。

② 在叠加的各分电路中，不作用的独立源置_____，即电压源置_____，看作_____；电流源置_____，看作_____。

③ 功率_____（能/不能）叠加，因为_____。

④ 含有受控源（线性）电路_____（能/不能）应用叠加定理，受控源_____（能/不能）单独作用，受控源应始终保留。

⑤ 当电路中只有一个电压源 u_S 和一个电流源 i_S 时，任意一处电压 u_f 可表示为：$u_f = k_1 u_S + k_2 i_S$，任意一处的电流 i_f 为表示为：$i_f = k_1' u_S + k_2' i_S$，当电路中有 g 个电压源和 h 个电流源时，任意一处的电压 u_f 可表示为_____，任意一处的电流 i_f 为表示为_____。

（4）齐性定理（齐次性）是指在_____电路中，当所有的_____。

所以当电路中只有一个独立源激励时，响应必与该激励成_____。

2. 知识点的应用

（1）应用叠加定理，求解如图 4.1 所示电路的电压 u 和 4 Ω电阻上所吸收的功率，要求画出每个独立源单独作用的分电路图。

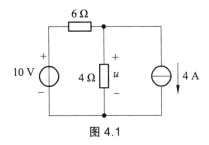

图 4.1

① 10 V 电压源单独作用（电路图及求解过程）。

② 4 A 电流源单独作用（电路图及求解过程）。

（2）应用叠加定理，求解如图 4.2 所示电路中的电压 U_S，要求画出每个独立源单独作用的分电路图。

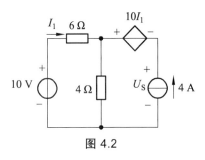

图 4.2

（3）用叠加定理求如图 4.3 所示电路中的电压 u。（要求画出分电路图。）

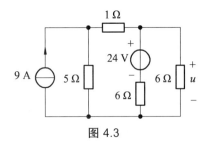

图 4.3

（4）电路如图 4.4 所示，已知：当 $U_S = 1\text{ V}$、$I_S = 1\text{ A}$ 时，$U_O = 0\text{ V}$；当 $U_S = 10\text{ V}$、$I_S = 0\text{ A}$ 时，$U_O = 1\text{ V}$，求：当 $U_S = 0\text{ V}$、$I_S = 10\text{ A}$ 时，$U_O = ?$

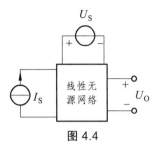

图 4.4

（5）试求如图 4.5 所示梯形电路中各支路电流、节点电压和 u_O / u_S。其中 $u_S = 10\text{ V}$。

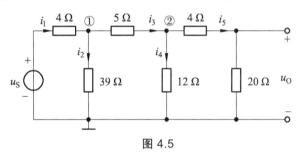

图 4.5

戴维宁和
诺顿定理

（二）视频：戴维宁定理和诺顿定理

1. 视频知识点归纳总结

（1）戴维宁定理是指任何一个_____，对外电路来说，总可以用一个_____来等效置换；电压源的电压等于_____，而电阻等于_____。

画出如图 4.6 所示的有源一端口的戴维宁等效电路：

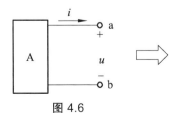

图 4.6　　　　　　　　　　　　　戴维宁等效电路图

（2）诺顿定理是指任何＿＿＿＿＿＿＿＿＿＿＿＿，对外电路来说，可以用一个＿＿＿＿＿＿＿＿＿＿＿＿来等效置换；电流源的电流等于＿＿＿＿＿＿＿＿＿，而电导（电阻）等于＿＿＿＿＿＿＿＿＿＿＿＿＿＿＿＿＿＿＿。

画出如图 4.7 所示的有源一端口的诺顿等效电路：

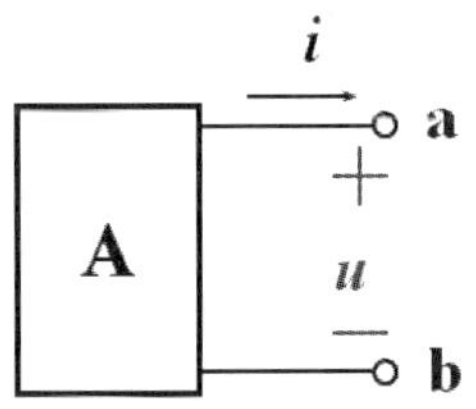

图 4.7　　　　　　　　　　　诺顿等效电路图

（3）开路电压的求取方法总结。

戴维宁等效电路中电压源电压等于将＿＿＿＿＿＿＿＿＿＿＿＿，电压源方向＿＿＿＿＿＿＿＿＿＿＿＿有关。计算 U_{oc} 的方法根据电路形式选择前面学过的＿＿＿＿＿＿＿＿＿＿＿＿，使易于计算。

① 利用＿＿＿＿＿＿＿＿＿＿＿。

② 利用＿＿＿＿＿＿＿＿＿＿＿＿＿＿＿。

③ 利用＿＿＿＿＿＿＿＿＿＿＿＿＿＿＿。

④ 利用＿＿＿＿＿＿＿＿＿＿＿。

（4）等效电阻的计算总结。

等效电阻 R_{eq} 为将一端口网络内部＿＿＿＿＿＿＿＿＿＿＿后，所得无源一端口网络的＿＿＿＿＿＿。常用下列方法计算：

① 当网络内部不含有受控源时可采用＿＿＿＿＿＿＿＿＿＿＿的方法计算等效电阻。

② ＿＿＿＿＿＿＿＿＿＿＿。

③ ＿＿＿＿＿＿＿＿＿＿＿。

注意：

a. 外电路可以是任意的＿＿＿＿＿＿＿＿＿＿＿电路，外电路发生改变时，＿＿＿＿＿＿＿＿＿＿＿＿＿＿＿＿＿。

b. 当一端口内部含有受控源时，＿＿＿＿＿＿＿＿＿＿＿必须包含在被化简的同一部分电路中。

2. 知识点的应用

（1）计算图 4.8 所示电路图中 R_x 分别为 1.2 Ω、5.2 Ω 时的 I。

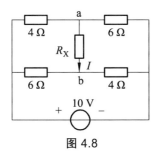

图 4.8

（2）含受控源电路戴维宁定理的应用。电路如图 4.9 所示，求电压 U_O。（要求画出求解开路电压、等效电阻的电路图，以及戴维宁等效电路图。）

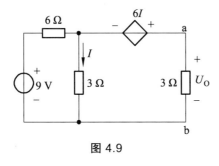

图 4.9

（3）应用诺顿定理，计算如图 4.10 所示电路的电流 I。（要求画出求解短路电流、等效电阻的电路图，以及诺顿等效电路图。）

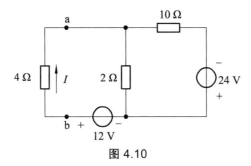

图 4.10

最大功率
传输定理

（三）视频：最大功率传输定理

1. 视频知识点归纳总结

（1）电路如图 4.11 所示，若要使负载上获得最大的电压 U，则输出电阻 R_{eq} 尽可能的_____（大/小）或者负载 R_L 尽可能的_____（大/小）。负载 R_L 吸收的功率为 $P_L =$ _____，当 $R_L =$ _____，负载可获得最大功率，$P_{max} =$ _____。当负载获取最大功率时，电路的传输效率并不一定是_____。

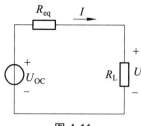

图 4.11

（2）最大功率传输定理通常用于_____的情况，计算最大功率问题结合应用_____定理最方便。

（3）最大功率传输的求解步骤：

① _____。

② _____。

③ _____。

2. 知识点的应用

（1）电路如图 4.12 所示，求当 $R =$ _____，负载可获得最大功率，$P_{max} =$ _____。（要求写出求解过程）

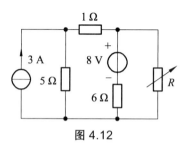

图 4.12

（2）电路如图 4.13 所示，求 $R_L = ?$ 时，R_L 能获得最大功率。并求出此最大功率 P_{max}。

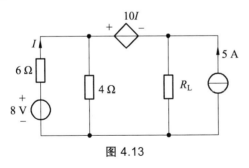

图 4.13

（四）视频：特勒根定理，互易定理

特勒根定理，互易定理

1. 视频知识挖掘，归纳总结

（1）特勒根定理 1。

内容：_____

_____。

实质：_____。

（2）特勒根定理 2。

内容：_____

_____

_____。

（3）特勒根定理 2 的应用。

如图 4.14（a）、（b）两图，特勒根定理 2 的公式为：

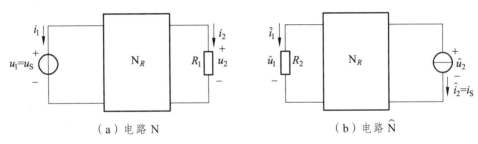

（a）电路 N   （b）电路 $\widehat{N}$

图 4.14

（4）互易定理的内容。

_____

_____

_____

应用互易定理的三个条件是：① _____；② _____；

③ _____。

（5）请画出互易定理三种情况的电路图及其公式，并熟记。

情况 1：

情况 2：

情况 3：

2. 知识点的应用

（1）如图 4.15 所示电路 N_R 仅由线性电阻组成，已知当 $u_S = 6\,\text{V}$、$R_2 = 2\,\Omega$ 时，$i_1 = 2\,\text{A}$、$u_2 = 2\,\text{V}$；当 $u_S = 10\,\text{V}$、$R_2 = 4\,\Omega$ 时，$i_1 = 3\,\text{A}$，求此时的电压 u_2。总结应用特勒根定理的注意事项。

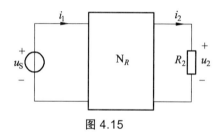

图 4.15

试总结应用特勒根定理的注意事项：＿＿＿＿＿＿＿＿＿＿＿＿＿＿

＿＿＿＿＿＿＿＿＿＿＿＿＿＿＿＿＿＿＿＿＿＿＿＿＿＿＿＿＿＿＿＿

（2）如图 4.16 所示电路中 N 由电阻组成，图（a）中，$I_2 = 0.5$ A，求图（b）中 4 Ω电阻两端电压 U_1。总结应用互易定理的注意事项。

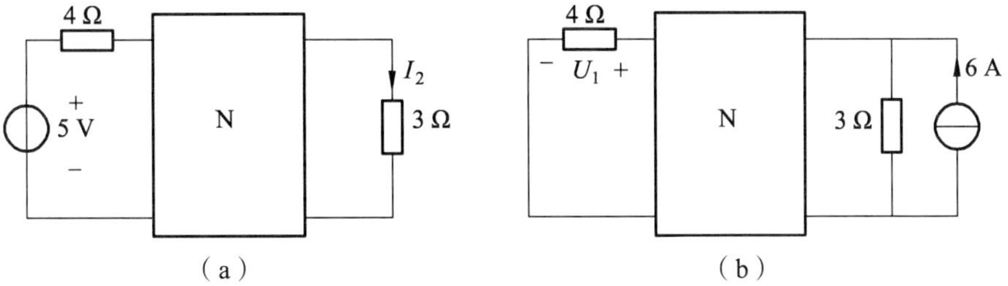

图 4.16

试总结应用互易定理的注意事项：＿＿＿＿＿＿＿＿＿＿＿＿＿＿＿

＿＿＿＿＿＿＿＿＿＿＿＿＿＿＿＿＿＿＿＿＿＿＿＿＿＿＿＿＿＿＿＿

＿＿＿＿＿＿＿＿＿＿＿＿＿＿＿＿＿＿＿＿＿＿＿＿＿＿＿＿＿＿＿＿

＿＿＿＿＿＿＿＿＿＿＿＿＿＿＿＿＿＿＿＿＿＿＿＿＿＿＿＿＿＿＿＿

第五章　储能元件

一、本章导学

1. 知识框图

储能元件
- 电容元件
  - 电容元件的电压电流关系（VCR）
  - 电容元件的特性
    - 电容元件的动态特性
    - 电容元件的储能特性
  - 电容元件的连接
    - 电容元件的串联
    - 电容元件的并联
- 电感元件
  - 电感元件的电压电流关系（VCR）
  - 电感元件的特性
    - 电感元件的动态特性
    - 电感元件的储能特性
  - 电感元件的连接
    - 电感元件的串联
    - 电感元件的并联

2. 学习目标

（1）掌握电容元件和电感元件的特性，电容、电感的串并联等效。

（2）掌握应用电容元件和电感元件特性分析电路的方法。

3. 重、难点

重点：电容元件和电感元件的特性，电容、电感的串并联等效。

难点：电容元件和电感元件的特性。

4. 本章考点

（1）电容元件和电感元件的特性。

（2）电容、电感的串、并联等效。

（3）应用电容元件和电感元件特性分析电路。

二、知识点的总结与应用

（一）视频：电容元件

电容元件

1. 视频知识点归纳总结

（1）电容器：在外电源作用下，正负电极上分别带上_____电荷，撤去电源，电极上的_____仍可长久地聚集下去，是一种储存_____的部件。

（2）特性：任何时刻其储存的电荷 q 与其两端的电压 u 能用 q-u 平面上的一条曲线来描述。即：$f(u, q) = 0$，称为_____。

（3）线性时不变电容元件：任何时刻，电容元件极板上的电荷 q 与电压 u 成_____比。q-u 特性曲线是_____。其特性参数用_____表示：

$$C \overset{\text{def}}{=} \frac{q}{u} \propto \tan\alpha 。$$

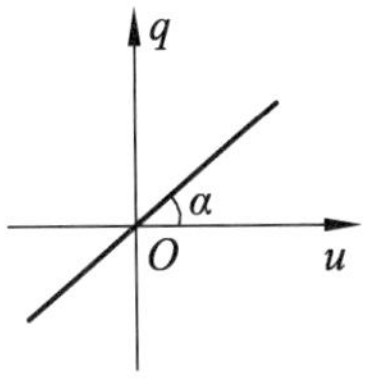

图 5.1

C 的单位：_____（_____）。常用单位有：_____、_____。

（4）伏安关系（重点）。

① 画出电容元件的电路符号，并标出元件的电压电流（取关联参考方向）：

② 微分形式的伏安关系表达式：_____（关联方向）

从上式可知：

a. 若 $u = U$（直流），则 $i =$_____，此时电容相当于_____。说明电容有_____的作用。

b. 某一时刻电容电流 i 的大小取决于电容电压 u 的_____，而与该时刻电压 u 的_____无关。说明电容是_____。

c. 实际电路中通过电容的电流 i 为_____，则电容电压 u 不能跃变，必定是_____。

③ 积分形式的伏安关系表达式：_____（关联方向）

从上式可知：

a. 某一时刻的电容电压值与 $-\infty$ 到该时刻的所有电流值有关，即电容元件有记忆电流的作用，故称电容元件为_____。

b. 研究某一初始时刻 t_0 以后的电容电压，需要知道 t_0 时刻开始作用的电流 i 和 t_0 时刻的电压 $u(t_0)$。

④ 注意：

a. 当电容的 u，i 为非关联方向时，上述微分和积分表达式前要冠以_____；

b. 上式中 $u(t_0)$ 称为电容电压的_____，它反映电容初始时刻的储能状况，也称为_____。

（5）电容的功率和储能

① 功率：

u、i 取关联参考方向，$p =$ _____。

② 储能：u、i 取关联参考方向

$W =$ _____

若 $u(-\infty) = 0$，则 $W =$ _____

③ 结论：

a. 电容的储能只与当时的电压值有关，电容电压_____，反映了储能_____。

b. 电容储存的能量一定_____。

④ 推广：从 t_1 到 t_2 电容储能的变化量是怎样的？

⑤ 讨论：

a. 若 $|u(t_2)| > |u(t_1)|$，则 $W_C(t_2) > W_C(t_1)$，电容元件_____电，_____能量，将_____能转化成_____能；

b. 若 $|u(t_2)| < |u(t_1)|$，则 $W_C(t_2) < W_C(t_1)$，电容元件_____电，_____能量，将_____能转化成_____能。

以上讨论说明：电容能在一段时间内吸收外部供给的能量转化为电场能量储存起来，在另一段时间内又把能量释放回电路，因此电容元件是_____，它本身_____（不/要）消耗能量。

2. 知识点的应用

已知电路如图 5.2（a）所示，电压波形如图 5.2（b）所示。求电流 i、功率 $P(t)$ 和储能 $W(t)$。

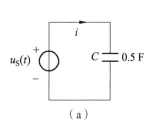 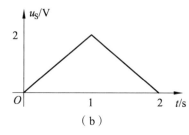

图 5.2

（二）视频：电感元件，电容、电感的串、并联

1. 视频知识点归纳总结

（1）电感线圈：把金属导线绕在一骨架上构成一实际电感线圈，当电流通过线圈时，将产生_____，是一种抵抗电流变化、储存_____能的部件。

（2）特性：任何时刻，其特性可用 ψ-i 平面上的一条曲线来描述。即：$f(\psi, i) = 0$，称为_____。

（3）线性时不变电感元件：任何时刻，通过电感元件的电流 i 与其磁链 ψ 成_____。ψ-i 特性为_____。其特性参数用_____表示：$L \overset{\text{def}}{=} \dfrac{\psi}{i} \propto \tan\alpha$。

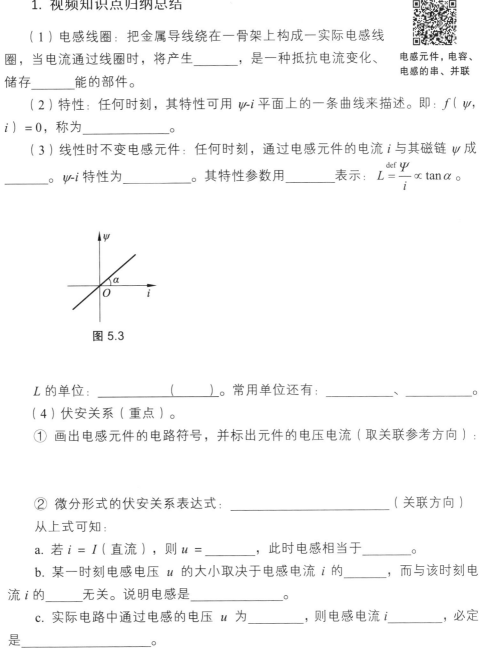

图 5.3

L 的单位：_____（_____）。常用单位还有：_____、_____。

（4）伏安关系（重点）。

① 画出电感元件的电路符号，并标出元件的电压电流（取关联参考方向）：

② 微分形式的伏安关系表达式：_____（关联方向）

从上式可知：

a. 若 $i = I$（直流），则 $u =$ _____，此时电感相当于_____。

b. 某一时刻电感电压 u 的大小取决于电感电流 i 的_____，而与该时刻电流 i 的_____无关。说明电感是_____。

c. 实际电路中通过电感的电压 u 为_____，则电感电流 i_____，必定是_____。

③ 积分形式的伏安关系表达式：_____（关联方向）

从上式可知：

a. 某一时刻的电感电流值与 $-\infty$ 到该时刻的所有电压值有关，即电感元件有记忆电压的作用，故称电感元件为_____。

b. 研究某一初始时刻 t_0 以后的电感电流，需要知道 t_0 时刻开始作用的电压 u 和 t_0 时刻的电流 $i(t_0)$。

042

④ 注意：

a. 当电感的 u，i 为非关联方向时，上述微分和积分表达式前要冠以_____。

b. 上式中 $i(t_0)$ 称为电感电流的_____，它反映电感初始时刻的储能状况，也称为初始状态。

（5）电感的功率和储能。

① 功率：u、i 取关联参考方向，$p = $ _____。

② 储能：u、i 取关联参考方向，$W = $ _____

若 $i(-\infty) = 0$，则 $W = $ _____。

③ 结论：

a. 电感的储能只与当时的电流值有关，电感电流_____，反映了储能_____。

b. 电感储存的能量一定_____。

④ 推广：从 t_1 到 t_2 电感储能的变化量

⑤ 讨论：

a. 若 $|i(t_2)| > |i(t_1)|$，则 $W_L(t_2) > W_L(t_1)$，电感元件_____电，_____能量，将_____能转化成_____能。

b. 若 $|i(t_2)| < |i(t_1)|$，则 $W_L(t_2) < W_L(t_1)$，电感元件_____电，_____能量，将_____能转化成_____能。

⑥ 以上讨论说明：电感能在一段时间内吸收外部供给的能量转化为磁场能量储存起来，在另一段时间内又把能量释放回电路，因此电感元件是_____，它本身_____（不/要）消耗能量。

（6）电容的串联（设初始值为 0），如图 5.4 所示。

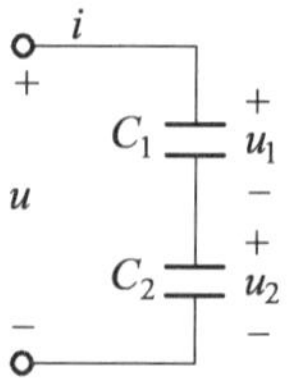

$C_{eq} = $ 　　　　　　$u_1 = $ 　　　　　　$u_2 = $

图 5.4

（7）电容的并联，如图 5.5 所示。

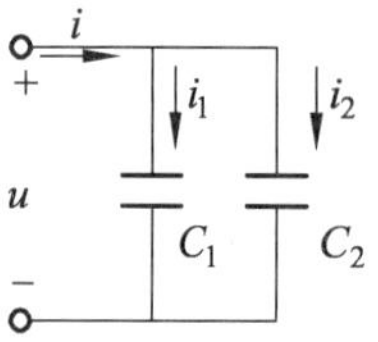

$C_{eq} = $

图 5.5

（8）电感的串联，如图 5.6 所示。

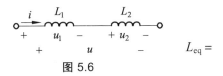

$L_{eq} =$

图 5.6

（9）电感的并联（设初始值为 0 ），如图 5.7 所示。

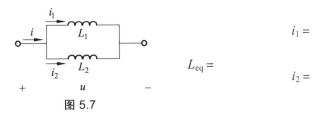

$i_1 =$

$L_{eq} =$

$i_2 =$

图 5.7

2. 知识点的应用

（1）电路如图 5.8（a）所示，0.1 H 电感通以图 5.8（b）所示的电流。求：时间 $t \geq 0$ 时，电感电压、吸收功率的变化规律。

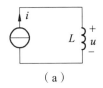

（a）

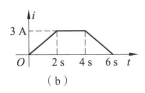

（b）

图 5.8

（2）如图 5.9 所示电路，给定 $L_1 = 1\,H$，$L_2 = 2\,H$，$L_3 = 3\,H$，试确定其等值电感。

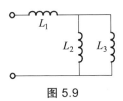

图 5.9

第六章　一阶电路的时域分析

 一、本章导学

1. 知识框图

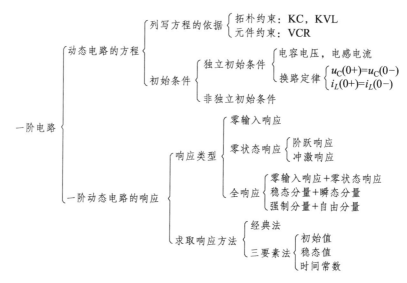

2. 学习目标

（1）了解动态电路的基本概念，掌握换路定律及初始条件的计算。

（2）理解一阶电路零输入响应、零状态响应、全响应的概念，了解用经典法求解一阶电路的零输入响应、零状态响应、全响应，理解一阶电路全响应的分解，掌握一阶电路的三要素法。

（3）了解阶跃函数、冲激函数的特性，理解一阶电路的阶跃响应、冲激响应的求解方法。

3. 重、难点

重点：换路定律，初始条件的计算，用经典法求解一阶电路的零输入响应、零状态响应、全响应，全响应的分解，三要素法，阶跃响应、冲激响应的求解方法。

难点：初始条件的计算，用经典法求解一阶电路的零输入响应、零状态响应、全响应，三要素法，阶跃响应、冲激响应的求解。

4. 本章考点

（1）换路定律及初始条件的计算。

（2）零输入响应、零状态响应、全响应的相关概念。

（3）用三要素法求解一阶电路的响应。

（4）一阶电路阶跃响应、冲激响应的求解方法。

 二、知识点的总结与应用

动态电路的方程
及其初始条件

（一）视频：动态电路的方程及其初始条件

1. 视频知识点归纳总结

（1）电容、电感是_____、_____、_____、_____元件。

（2）动态电路是含有_____元件的电路。动态电路由一个稳态经过一段时间后达到另一个稳态的过程称为_____，产生这种过程的基本条件是电路有_____元件和电路有_____。

（3）电路的改变（简称换路）包括电路的_____变化和_____变化。

（4）对动态电路列写方程的基本要素是_____约束和_____约束，电感 L 的元件约束是_____，电容 C 的元件约束是_____，电阻 R 的元件约束是_____。

（5）电路中只有一个动态元件（或可以等效为一个动态元件），描述电路的方程是一阶线性微分方程时称为_____电路，电路中有两个动态元件，描述电路的方程是二阶线性微分方程时称为_____电路。

（6）在电阻电路中，随着激励改变各响应_____（会/不会）及时改变；含 L、C 的电路，能量的变化_____（是/不是）及时的，因此表征储能的 u_C 或 i_L 会随时间进行变化。

（7）电路如图 6.1 所示，K 未动作前，电路处于稳定状态，此时 $u_C =$ _____V，$i =$ _____A；K 接通电源后很长时间，电容充电完毕，电路达到新的稳定状态，此时 $u_C =$ _____V，$i =$ _____A。直流稳态时，电容看成_____。

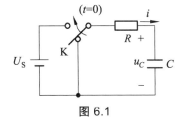

图 6.1

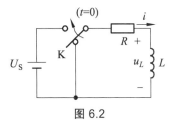

图 6.2

（8）电路如图 6.2 所示，K 未动作前，电路处于稳定状态，此时 $u_L =$ _____V，$i =$ _____A；K 接通电源后很长时间，电感充电完毕，电路达到新的稳定状态，此时 $u_L =$ _____V，$i =$ _____A。直流稳态时，电感看成_____。

（9）初始值指的是_____时刻的值，由 0_+ 时刻的电路求得。电路在 $t = 0$ 时刻换路，0_+ 时刻指的是_____，0_- 时刻指的是_____。

（10）对于电容 C 换路定律指的是_____或_____，即电荷守恒，换路前后，由于_____不变，电容可以用_____替代；对于电感 L 换路定律指的是_____或_____，即磁链守恒，换路前后，由于_____不变，电感可以用_____替代。_____是换路定律成立的条件。

（11）画 $t = 0_+$ 等效电路：

① 开关处于换路_____（前/后）的状态。

② 电容用_____替代，若 $u_C(0_+) = 0\,\text{V}$ 时，电容用_____替代。

③ 电感用_____替代，若 $i_L(0_+) = 0\,\text{A}$ 时，电感用_____替代。

（12）求初始值的步骤：

① 由换路前电路（一般为稳定状态）求_____和_____。$t = 0_-$ 时电容用_____替代，电感用_____替代。

② 由换路定律得_____和_____。

③ 画 0_+ 时刻的等效电路，电容用_____替代，电感用_____替代，其方向与原假定的电容电压、电感电流方向相同。

注意：不是任何时候都要画 0_+ 等效电路求初始值，只有当所求参数是_____或_____时，用 0_- 电路和换路定律求初始值，此时不用画 0_+ 电路。

④ 在 0_+ 时刻电路中求电路其余各变量的_____值。

2. 知识点的应用

（1）电路如图 6.3 所示，（a）图以 u_C 为变量，（b）图以 i 为变量，列出图中电路的微分方程。

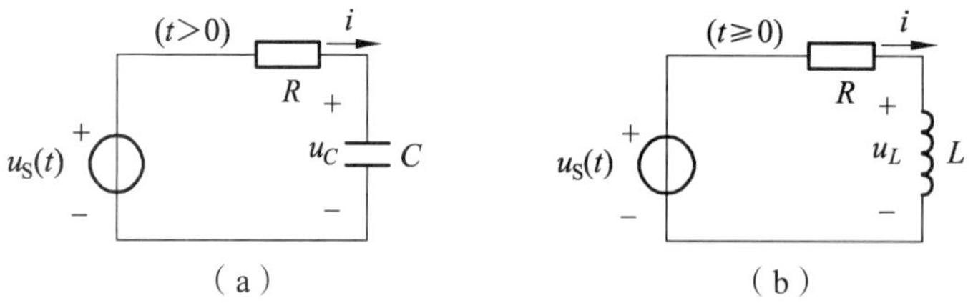

图 6.3

解：在（a）图中：

① 列写回路 KVL 方程为：_____式①。

电容元件的 VCR 为：_____式②。

电阻元件的 VCR 为：_____式③。

② 将式②代入式③，得_____式④。

③ 将式②④代入式①，得电路微分方程为_____式⑤。

在（b）图中：

① 列写回路 KVL 方程为：_____式①。

电感元件的 VCR 为：_____式②。

电阻元件的 VCR 为：_____式③。

② 将式②③代入式①，得电路微分方程为_____式④。

（2）电路如图 6.4（a）所示，在 $t=0$ 时开关打开，求 $i_C(0_+)$。

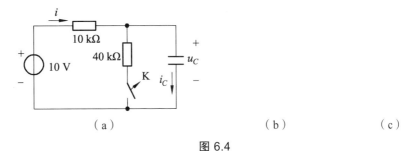

（a）　　　　　　　　　　（b）　　　　　　（c）

图 6.4

解：① 在图 6.4（b）画 $t=0_-$ 等效电路：开关_____，电容_____。
得 $u_C(0_-)=$ _____V。

② 由_____，得 $u_C(0_+)=$ _____V。

③ 在图 6.4（c）中画 $t=0_+$ 等效电路：开关_____，电容_____。
将 $i_C(0_+)$ 标在图中相应位置。计算 $i_C(0_+)$，计算过程为：

（3）电路如图 6.5（a）所示，开关 S 在 $t=0$ 时动作，试求电路在 $t=0_+$ 时刻
电压、电流的初始值。

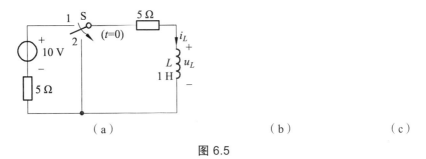

（a）　　　　　　　　　　（b）　　　　　　（c）

图 6.5

解：① 在图 6.5（b）中画 $t=0_-$ 等效电路：开关_____，电感_____。得
$i_L(0_-)=$ _____A。

② 由_____，得 $i_L(0_+)=$ _____A。

③ 在图 6.5（c）中画 $t = 0_+$ 等效电路：开关_____，电感_____。将各支路电流、元件电压初始值标在图中相应位置。计算过程为：

（4）电路如图 6.6（a）所示，$t<0$ 时已处于稳态。当 $t = 0$ 时开关 K 闭合，试求电路中 $u_L(0_+)$、$i_C(0_+)$ 和 $i(0_+)$ 的初始值。

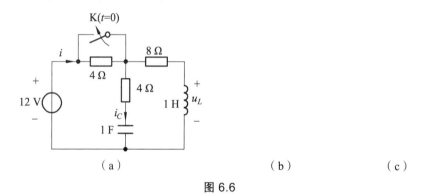

图 6.6

解：① 在图 6.6（b）中画 $t = 0_-$ 等效电路：开关_____，电感_____，电容_____。得 $i_L(0_-) =$ _____A，$u_C(0_-) =$ _____V。

（2）由_____，得 $i_L(0_+) =$ _____A，$u_C(0_+) =$ _____V。

（3）在图 6.6（c）中画 $t = 0_+$ 等效电路：开关_____，电感_____，电容_____。将 $u_L(0_+)$、$i_C(0_+)$ 和 $i(0_+)$ 标在图中相应位置。计算过程为：

（二）视频：一阶电路的零输入响应

一阶电路的
零输入响应

1. 视频知识点归纳总结

（1）零输入响应是指_____。

（2）一阶齐次常系数常微分方程的解通常由_____组成。

（3）经典法求一阶电路响应的步骤：

_____

_____

_____

（4）通常决定动态电路过渡过程快慢的物理量是_____，用字母_____表示，其量纲是_____。在 RC 电路中其计算公式为_____，在 RL 电路中其计算公式为_____，公式中的 R 指的是_____。在一阶电路中，同一个电路中所有响应的 τ____（相同/不同），τ 越小过渡过程越_____（长/短）；工程上认为经过_____过渡过程就结束。

（5）一阶电路零输入响应的通式为_____。

2. 知识点的应用

（1）电路如图 6.7 所示，已知 $u_C(0_-) = U_0$，$t = 0$ 时合上开关。试用经典法求 $t > 0$ 的电容电压 $u_C(t)$。

解：① 列写回路 KVL 方程为：_____式①。

电容元件的 VCR 为：_____式②。

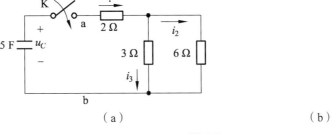

图 6.7

电阻元件的 VCR 为：_____式③。

② 将式②代入式③，得_____式④。

③ 将式②、④代入式①，得电路微分方程为_____式⑤。

④ 解式⑤ 微分方程，得到 $u_C(t) =$_____。

（2）电路如图 6.8（a）所示，电路中的电容原充有 24 V 电压，求 K 闭合后，电容电压和各支路电流随时间变化的规律。

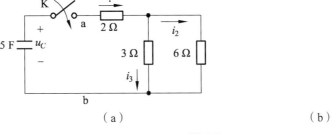

（a）   （b）

图 6.8

解：① 该电路为_____响应。

② 为利用题（1）结论，需将 ab 端口右侧电阻网络等效为电阻 $R_{eq} =$ _____Ω。在图 6.8（b）中画出等效后的电路图。标出电压 u_C、电流 i_1 参考方向。（与原图一致）

③ 时间常数 $\tau =$ _____s，电容电压初始值 $U_0 =$ _____V。代入题（1）结论，得 $u_C(t) =$ _____。

④ 根据电容元件 VCR 或 R_{eq} 的 VCR，得 $i_1 =$ _____A（注意电压电流参考方向）。

由分流公式可得 $i_2 =$ _____A。

由 KCL 或分流公式可得 $i_3 =$ _____A。

（三）视频：一阶电路的零状态响应、全响应

一阶电路的零状态电路及全响应

1. 视频知识点归纳总结

（1）状态指的是动态电路中储能元件的能量，零状态指的是动态电路中储能元件的能量为零，即电容的_____为零，电感的_____为零。零状态响应是指_____，全响应是指_____。

（2）一阶非齐次常系数常微分方程的解通常由_____和_____组成。

（3）一阶电路零状态响应的通式为_____。

（4）一阶电路全响应的通式为_____。

2. 知识点的应用

（1）电路如图 6.9 所示，已知 $u_C(0_-) = 5$ V，试用经典法求 $t>0$ 的电容电压 $u_C(t)$。

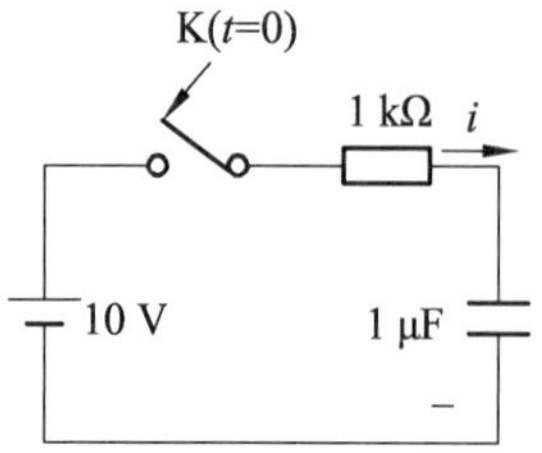

图 6.9

该电路为_____响应。求解方法：可利用前述结论计算，即分别计算 $u_C(0_+)$、$u_C(\infty)$ 和 τ。

（2）电路如图 6.10 所示，已知 $t=0$ 时开关 S 打开，求 $t>0$ 后 $u_L(t)$ 和 $i_L(t)$ 的变化规律。

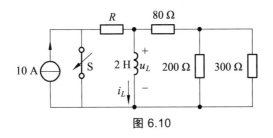

图 6.10

该电路为_____响应。画出解题过程中需要的电路图。

（四）视频：一阶电路全响应的分解，三要素法

一阶电路全响应
的分解，三要素法

1. 视频知识点归纳总结

（1）动态电路具有初始储能又接入外施激励，则电路的响应称为_____。全响应由_____分量和_____分量组成；全响应是_____响应和_____响应的叠加。

（2）一阶电路全响应的通式为_____。

（3）一阶电路的三要素是_____、_____和_____。三要素法求解一阶电路最重要的特点是将分析_____电路问题转为求解电路的三个要素的问题。在三要素公式中将初始值令为零，就得到零状态响应，其公式为_____。在三要素公式中将稳态值令为零，就得到零输入响应，其公式为_____。

（4）用三要素法求一阶电路响应的步骤：

_____

_____

_____

_____

_____

2. 知识点的应用

（1）电路如图 6.11（a）所示，已知 $t=0$ 时开关闭合，求换路后的 $u_C(t)$ 和 $i(t)$。

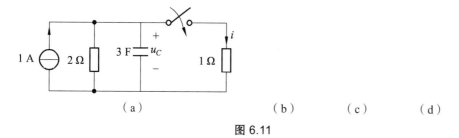

（a）　　　　　　（b）　　　（c）　　　（d）

图 6.11

解：① 求初始值。由 $t=0_-$ 的等效电路：电容 C_____（开路/短路），开关_____。在 6.11（b）中画出该电路图。可得 $u_C(0_-)=$_____V。由_____，可得 $u_C(0_+)==$_____V。

② 求稳态值。由 $t=\infty$ 的等效电路：电容 C_____（开路/短路），开关_____。在 6.11（c）中画出该电路图。可得 $u_C(\infty)=$_____V。

③ 求时间常数。求 R_{eq} 的等效电路图：开关_____，电流源_____，将 C 断开，在 6.11（d）画出该电路图。从 C 断开端看进去的等效电阻 $R_{eq}=$_____Ω。故时间常数 $\tau=$_____s。

④ 由三要素法公式 $f(t)=$_____，可得 $u_C(t)=$_____。

⑤ $t>0$，由于 1 Ω电阻电压等于_____，故由欧姆定律可得 $i(t)=$_____。

注：也可用三要素法求 $i(t)$。同学们可以试一试。

（2）电路如图 6.12（a）所示，已知 $t=0$ 时开关闭合，求 $t>0$ 后的各支路电流。

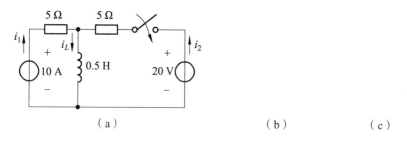

（a）　　　　　　（b）　　　（c）

（d）　　　　　　（e）　　　　　　（f）

图 6.12

解：① 求 $i_L(0_+)$，$i_1(0_+)$，$i_2(0_+)$。

在图 6.12（b）中画出 $t=0_-$ 时的电路：开关_____，电感_____。求得 $i_L(0_-)=$ _____A。由_____可得，$i_L(0_+)=$ _____A。

在图 6.12（c）中画出 $t=0_+$ 时的电路：开关_____，电感_____。在图中相应位置标出 $i_1(0_+)$，$i_2(0_+)$ 及其参考方向，计算其值。计算过程为：

② 求 $i_L(\infty)$，$i_1(\infty)$，$i_2(\infty)$。

在图 6.12（d）中画出 $t=\infty$ 时的电路：开关_____，电感_____。在图中相应位置标出 $i_L(\infty)$，$i_1(\infty)$，$i_2(\infty)$ 及其参考方向，计算各值。计算过程为：

③ 求时间常数 τ。

在图 6.12（e）画出求 R_{eq} 的等效电路图：开关_____，电压源_____，将 L 断开。计算从 L 断开端看进去的等效电阻 R_{eq}，计算过程为：

④ 由三要素法公式：$f(t)=$_____，分别写出各支路电流的表达式：

$i_L(t)=$_____

$i_1(t)=$_____

$i_2(t)=$_____

注意：求 $i_1(t)$、$i_2(t)$ 的另一种方法。

① 用三要素法求 $i_L(t)$，得到 $i_L(t)=$_____。（过程同前，略。）

② 在图 6.12（f）中画出 $t>0$ 时的电路：开关_____，在图中相应位置分别标出 $i_L(t)$，$i_1(t)$，$i_2(t)$ 及其参考方向。

③ 根据元件 VCR 及电路拓扑约束，计算 $i_1(t)$，$i_2(t)$ 的表达式。

由电感元件 VCR，可得 $u_L(t)=$_____V。列出最左边网孔 KVL 方程为：_____，经整理得 $i_1(t)=$_____。

最后，由 KCL：$i_2(t) = i_L(t) - i_1(t) =$ ＿＿＿＿＿＿＿＿＿＿＿。

（3）电路如图 6.13（a）所示，已知 $t = 0$ 时开关由 $1 \to 2$，求换路后的 $u_C(t)$。

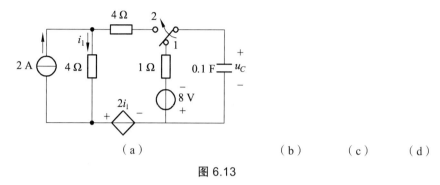

（a）　　　　　　　　（b）　　（c）　　（d）

图 6.13

解：① 求初始值 $u_C(0_+)$。在图 6.13（b）中画出 $t = 0_-$ 时的等效电路图。

② 求稳态值 $u_C(\infty)$。在图 6.13（c）中画出 $t = \infty$ 时的等效电路图。

③ 求时间常数 τ。在图 6.13（d）中画出求 R_{eq} 的等效电路图。

④ 代入三要素法公式，得到 $u_C(t)$ 表达式。

（4）电路如图 6.14 所示，已知 $t = 0$ 时开关闭合，求换路后的电流 $i(t)$。

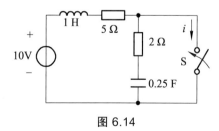

图 6.14

注意：开关闭合后，电路可以分成 RL、RC 两个独立的电路。

（五）视频：一阶电路的阶跃响应

一阶电路的
阶跃响应

1. 视频知识点归纳总结

（1）单位阶跃函数的定义：

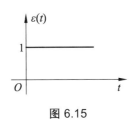

$$\varepsilon(t) = \underline{\hspace{4cm}}$$

图 6.15

即当_____时，函数像上了一个台阶一样，此台阶的高度是_____，所以叫_____函数。

（2）单位阶跃函数的实际意义：相当于_____时刻接入电路的单位电流源或单位电压源。

（3）延迟单位阶跃函数：

① 定义：

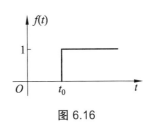

$$f(t) = \varepsilon(t - t_0) \underline{\hspace{3cm}}$$

图 6.16

② 阶跃信号的单边性（截取信号的特性）：

若用 $\varepsilon(t)$ 去乘任何信号，都使其在 $t < 0$ 时为零，而在 $t \geq 0$ 时为原信号。利用此信号可描述许多信号。

已知 $f(t)$ 的波形如图 6.17 所示，$f'(t)$ 的波形如图 6.18 所示，则用阶跃函数表示的函数表达式为：$f'(t) = \underline{\hspace{3cm}}$。

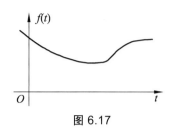

图 6.17

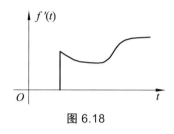

图 6.18

（4）单位阶跃响应是_____。阶跃响应的实质
是 $t \geqslant 0_+$ 时电路的_____响应。

（5）求解阶跃响应的步骤：

_____

_____

_____

（6） $u_C(t) = \dfrac{1}{C} \mathrm{e}^{-\frac{t}{RC}} \varepsilon(t)$ 和 $u_C(t) = \dfrac{1}{C} \mathrm{e}^{-\frac{t}{RC}}$ （ $t \geqslant 0_+$ ）二者有何区别？

_____

2. 知识点的应用

（1）利用单位阶跃函数，写出图 6.19 所示函数的表达式。

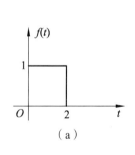

（a）

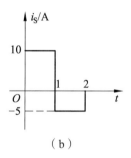

（b）

图 6.19

a. $f(t) = $ _____ 。

b. $i_S(t) = $ _____ 。

（2）电路如图 6.20（a）所示，请用三要素法求零状态响应 $u_C(t)$ 。求激励为
$\varepsilon(t - t_0)$ 时，响应如何变化？

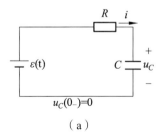

（a）   （b）

图 6.20

解：① 初始值。$u_C(0_+) =$ _____ V。

② 稳态值。$t = \infty$ 时，$\varepsilon(t) =$ _____ V，在图 6.20（b）画出 $t = \infty$ 时的电路图（电容 C _____ ）。求得 $u_C(\infty) =$ _____ V。

③ 时间常数。$\tau =$ _____ s。

④ 代入三要素法公式，得到 $u_C(t) =$ _____ $\varepsilon(t)$。

⑤ 激励为 $\varepsilon(t - t_0)$ 时，时间延迟 t_0，④中表达式的 t 变为 $t - t_0$，即 $u_C(t) =$ _____ $\varepsilon(t - t_0)$。

（六）视频：一阶电路的冲激响应

一阶电路的
冲激响应

1. 视频知识点归纳总结

（1）单位冲激函数的定义：

$$\delta(t) = \underline{\hspace{5cm}}。$$

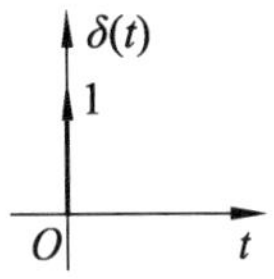

图 6.21

（2）冲激函数有如下两个主要性质：

① 单位冲激函数对时间的积分等于 _____ 。

$$\int_{-\infty}^{t} \delta(\xi)\mathrm{d}\xi = \underline{\hspace{4cm}}。$$

② 单位冲激函数的"筛分性质"：

$$f(t)\delta(t) = \underline{\hspace{3cm}}; \quad f(t)\delta(t - t_0) = \underline{\hspace{4cm}}。$$

（3）单位冲激响应是在 _____ 函数作用下的 _____ 响应。

（4）单位阶跃响应和单位冲激响应的关系：

如某电路的单位阶跃响应记为 $s(t)$，同一电路的单位冲激响应记为 $h(t)$。则二者之间有：$\dfrac{\mathrm{d}}{\mathrm{d}t}s(t) = \underline{\hspace{2.5cm}}$，$\int h(t)\mathrm{d}t = \underline{\hspace{2.5cm}}$。

因此，求某电路的单位冲激响应，可先求该电路的 _____ 响应，再对其求导。

2. 知识点的应用

（1）$\int_{-\infty}^{6} \delta(t)\mathrm{d}t = \underline{\hspace{2cm}}$；$\int_{4}^{6} \delta(t)\mathrm{d}t = \underline{\hspace{1.5cm}}$；$\int_{4}^{6} \delta(t-5)\mathrm{d}t = \underline{\hspace{2cm}}$。

（2）已知 $u_C(0_-) = 0$，求图 6.22（a）所示的 RC 电路中的 $u_C(t)$ 和 $i_C(t)$。

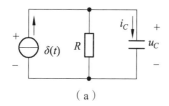

（a）　　　　　　　　　　（b）$t=0$ 电路　　　（c）$t \geqslant 0_+$ 等效电路

图 6.22

解：

① 求 $i_C(0)$，画 $t=0$ 时电路。[$u_C(0_-)=0$，$t=0$ 时刻电容 C 相当于短路。]

② 求初始值 $u_C(0_+) = u_C(0_-) + \dfrac{1}{C} \displaystyle\int_{0-}^{0+} i_C \mathrm{d}(t) = \underline{\hspace{3cm}}$。

③ 画出 $t \geqslant 0_+$ 时等效电路。该响应实质为 $\underline{\hspace{3cm}}$ 响应。

④ 再根据三要素法求 $u_C(t)$。

⑤ 求 $i_C(t) = C\dfrac{\mathrm{d}u_C}{\mathrm{d}t} = \underline{\hspace{6cm}}$。

注意：

① $t=0$ 时，冲激激励在瞬间将能量传递给了电容。

② $t=0$ 时，在冲激激励作用下，由于电容 i_C 不是有限值，所以 $u_C(0_+)$ $\underline{\hspace{2cm}}$ $u_C(0_-)$。

③ $t=0$ 时，在冲激激励作用下，由于电感 u_L 不是有限值，所以 $i_L(0_+)$ $\underline{\hspace{2cm}}$ $i_L(0_-)$。

总结：单位冲激响应的分析法（2 种）

（1）$h(t) = \dfrac{\mathrm{d}s(t)}{\mathrm{d}t}$ 法。单位阶跃响应容易确定。

计算单位冲激响应的一般步骤：

① 将电路激励由 $\delta(t)$ 换作 $\underline{\hspace{2cm}}$。

② 用三要素法计算 $\varepsilon(t)$ 激励下相应的零状态响应 $s(t)$。

③ 由 $\underline{\hspace{2.5cm}}$ 计算 $h(t)$。

（2）零输入响应法解题步骤：

① 确定在 $\delta(t)$ 激励下电路的初始状态_____或_____。

② 单位冲激响应即是对应电路的_____，即 $y = y(0_+)\mathrm{e}^{-\frac{t}{\tau}}\varepsilon(t)$：

$u_C = $ _____

$i_L = $ _____

关键是步骤①，如何确定 $u_C(0_+)$ 或 $i_L(0_+)$。

可用简捷法：

在有 L、C 元件的电路中，冲激函数出现在 $t = 0$ 处，则在该时刻，将电感 L_____，电容 C_____，来确定电感电压 $u_L(0)$ 与电容电流 $i_C(0)$。（在 $u_L(0)$ 与 $i_C(0)$ 中均含有冲激函数）。由此来求 $u_C(0_+)$ 和 $i_L(0_+)$：

$$u_C(0_+) = u_C(0_-) + \frac{1}{C}\int_{0-}^{0+} i_C(0)\mathrm{d}t$$

$$i_L(0_+) = i_L(0_-) + \frac{1}{L}\int_{0-}^{0+} u_L(0)\mathrm{d}t$$

第七章　相量法

 一、本章导学

1. 知识框图

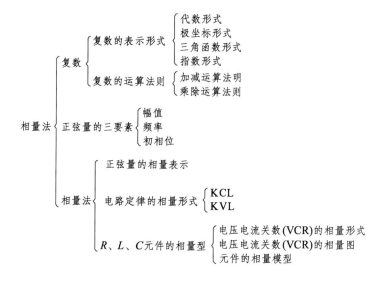

2. 学习目标

（1）掌握复数的概念和复数运算。

（2）掌握正弦量的瞬时值、有效值，正弦量的三要素、相量表示法。

（3）掌握电路元件的相量模型，两种约束的相量表示法。

3. 重、难点

重点：正弦量的相量表示法，两种约束的相量表示法。

难点：复数的计算。

4. 本章考点

（1）复数的计算。

（2）正弦量的相量表示。

（3）用 KCL、KVL 的相量形式分析简单交流电路。

二、知识点的总结与应用

数学基础

（一）视频：数学基础

1. 视频知识点归纳总结

（1）写出图 7.1 中复数的几种表示形式：

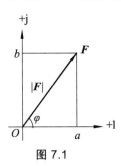

图 7.1

① 代数式 $F =$ _____。

② 指数式 $F =$ _____。

③ 三角函数式 $F =$ _____。

④ 极坐标式 $F =$ _____。

（2）表示形式间的相互转换：

① 已知代数式 $F = a + jb$，转换为极坐标式 $F = |F|e^{j\theta}$

$|F| =$ _____，$\theta =$ _____。

② 已知极坐标式 $F = |F|e^{j\theta}$，转换为代数式 $F = a + jb$

$a =$ _____，$b =$ _____。

（3）复数的运算：

加减运算：应将复数表示成_____式。

乘除运算：应将复数表示成_____式。

总结：

复数相加减等于_____；

复数相乘除等于_____。

（4）旋转因子 $e^{j\theta}$：

$A * e^{j\theta}$，相当于将 A_____旋转 θ，而___不变。

$A / e^{j\theta}$，相当于将 A_____旋转 θ，而___不变。

当 $\theta = \dfrac{\pi}{2}$，$e^{j\theta} = j$，$A * j$，相当于将 A_____旋转_____度。

当 $\theta = -\dfrac{\pi}{2}$，$e^{j\theta} = -j$，$A * (-j)$，相当于将 A_____旋转_____度。

当 $\theta = +\pi$ 或 $-\pi$，$e^{j\theta} = -1$，$A * (-1)$，相当于将 A_____旋转_____度。

2. 知识点的应用

（1）设 $F = |F| e^{j\varphi} = |F|(\cos\varphi + j\sin\varphi)$，则 F 的共轭复数 $F^* = $ ＿＿＿ ＝ ＿＿＿。

（2）已知 $A_1 = a_1 + jb_1 = |A_1|\angle\theta_1$，$A_2 = a_2 + jb_2 = |A_2|\angle\theta_2$，则 $A_1 + A_2 = $ ＿＿＿＿＿，

$A_1 * A_2 = $ ＿＿＿＿＿。

（二）视频：正弦量，相量法的基础

正弦量，相量法的
基础

1. 视频知识点归纳总结

（1）正弦量是指按＿＿＿＿＿＿＿＿＿＿。对正弦量的数学描述，可以采用 sin 函数，也可以采用 cos 函数，本教材采用＿＿＿＿＿＿。

（2）图 7.2 表示一段电路中有正弦电流 i，在图示参考方向下，其数学表达式定义为：$i(t) = I_m \cos(\omega t + \varphi_i)$，称为正弦量的＿＿＿表达式，其波形如图 7.3 所示。该表达式中的 I_m 称为正弦量的＿＿＿＿，反映了正弦量变化幅度的＿＿＿＿＿；随时间变化的角度 $(\omega t + \varphi_i)$ 称为正弦量的＿＿＿＿＿或＿＿＿。ω 称为正弦量的＿＿＿＿，它是正弦量的相位随时间变化的角速度，反映了正弦量变化的＿＿＿＿，其单位为＿＿＿＿＿，角频率和频率之间的关系为＿＿＿＿＿＿，频率和周期之间的关系为＿＿＿＿＿；φ_i 是正弦量在＿＿＿＿时刻的相位，称为正弦量的＿＿＿＿，反映了正弦量的计时＿＿＿＿，通常在主值范围内取值，即 $|\varphi_i|$＿＿＿＿；所以正弦量的三要素是指＿＿＿＿、＿＿＿＿和＿＿＿。

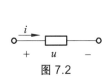

图 7.2

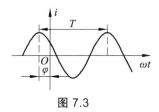

图 7.3

注意： ① 同一个正弦量，计时起点不同，初相位不同。

② 一般规定：$|\varphi| \leq \pi$。

③ 如果余弦波的正最大值发生在计时起点之后，则初相位为负，反之，则初相位为正。如图 7.4 所示。

④ 对于一个正弦量来说，初相可以任意指定，但对于一个电路中有许多相关的正弦量，它们只能相对于一个＿＿＿＿来确定每个正弦量的初相。

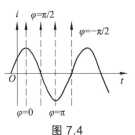

图 7.4

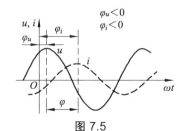

图 7.5

（3）相位差是指正弦量的_____。设 $u(t)=U_{\mathrm{m}}\cos(\omega t+\varphi_u)$，$i(t)=I_{\mathrm{m}}\cos(\omega t+\varphi_i)$，则 u 和 i 的相位差：$\varphi=$ _____

当 $\varphi>0$，u_____i，或 i_____u（u 先到达最大值），如图 7.5 所示；

当 $\varphi<0$，i_____u，或 u_____i（i 先到达最大值）。

（4）波形如图 7.6（a）（b）（c）所示，分别写出 u 与 i 的相位差和相位关系。

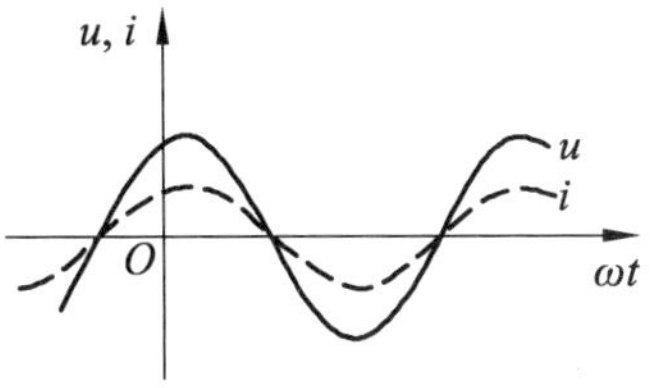

（a）

相位关系：_____
相位差：_____

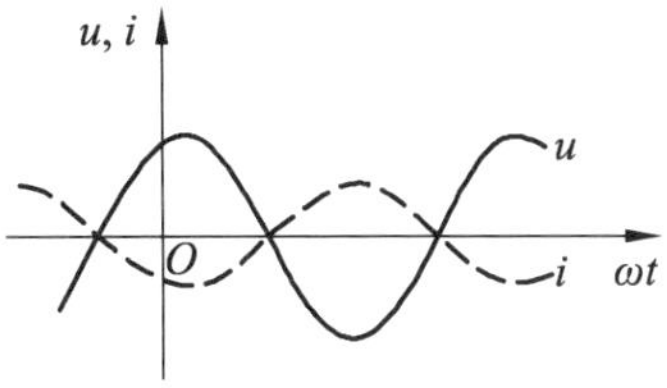

（b）

相位关系：_____
相位差：_____

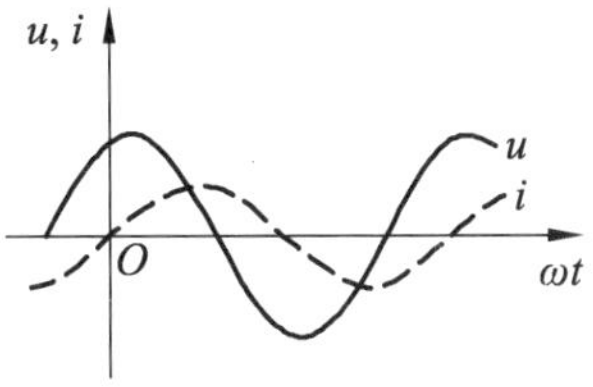

（c）

相位差：_____
相位关系：_____

图 7.6

（5）周期性电流、电压的瞬时值随时间而变，为了衡量其大小工程上采用_____来表示。如周期电流 i 的有效值 I 定义为_____，也称为_____。

其物理意义为：周期性电流 i 流过电阻 R，在一周期 T 内吸收的电能，等于一直流电流 I 流过 R，在时间 T 内吸收的电能，则称电流 I 为周期性电流 i 的有效值。若 $i(t)=I_{\mathrm{m}}\cos(\omega t+\varphi_i)$，则有效值 $I=$ _____I_{m}；同样的原理，可得电压的有效值 $U=$ _____U_{m}。若 $u(t)=311\cos(314t+60°)$ V，则其有效值 $U=$ _____V。若 $i(t)=141.4\cos(314t)$ A，则其有效值 $I=$ _____A。

（6）相量是指能够代表_____。

（7）若 $i(t)=141.4\cos(314t+30°)$ A，则 $\dot{I}=$ _____A；

若 $u(t)=311\cos(314t-60°)$ V，则 $\dot{U}=$ _____V。

（8）已知 $i_1(t)=14.14\cos(314t+30°)$A，$i_2(t)=-14.14\cos(10^3t-30°)$A，则 $\dot{I}_1=$ _____A，$\dot{I}_2=$ _____A，$\dot{Y}_1=\mathrm{j}\omega_1\dot{I}_1=$ _____，$\dot{Y}_2=\mathrm{j}\omega_2\dot{I}_2=$ _____。

$y_1=\dfrac{\mathrm{d}i_1}{\mathrm{d}t}=$ _____，对应有效值相量为_____。

$y_2=\dfrac{\mathrm{d}i_2}{\mathrm{d}t}=$ _____，对应有效值相量为_____。

总结：正弦量的微分是与原正弦_____（同/不同）频率的正弦量，其对应的相量等于原正弦量 i_1（或 i_2）对应的相量 $\dot{I}_1$（或 $\dot{I}_2$）乘以_____，即 $\dfrac{\mathrm{d}i}{\mathrm{d}t} \to \mathrm{j}\omega\dot{I}$，同样的原理，$\int i\,\mathrm{d}t \to$ _____。

2. 知识点的应用

（1）已知正弦电流波形如图 7.7 所示，$\omega = 10^3\,\mathrm{rad/s}$，$i(t) =$ _____。
注意：正弦量乘以常数，正弦量的微分、积分，同频率正弦量的代数和等运算，其结果仍为一个_____的正弦量。

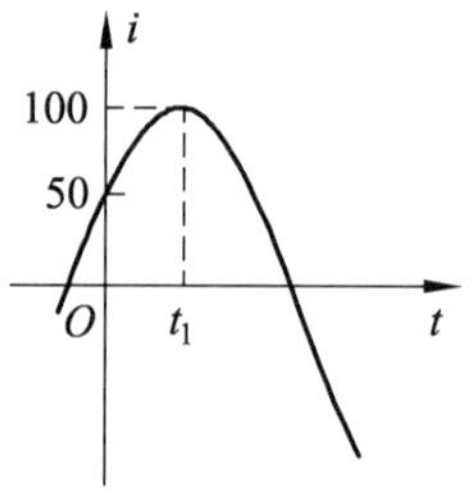

（2）计算下列正弦量的相位差，要求写出求解过程。

① $i_1(t) = 100\cos\left(100\pi t + \dfrac{3}{4}\pi\right)$

$i_2(t) = 50\cos\left(100\pi t - \dfrac{\pi}{2}\right)$

② $i_1(t) = 10\cos(100\pi t + 30°)$

$i_2(t) = 10\sin(100\pi t - 15°)$

图 7.7

（3）$u_1(t) = 10\cos(100\pi t + 30°)$

$u_2(t) = 10\cos(200\pi t - 45°)$

（4）$i_1(t) = 5\cos(100\pi t - 30°)$

$i_2(t) = -3\cos(100\pi t + 30°)$

总结：① 只有 _____（相同/不同）频率的正弦量才存在相位差。

② 一般规定相位差 $|\varphi| \leqslant$ _____。

③ 求解相位差时，必须变换成_____（相同/不同）三角函数的时域形式。

④ 求解相位差时，瞬时值表达式正负符要_____。

（3）若已知两个同频率正弦电压的相量 $\dot{U}_1 = 50\angle 30°$ V，$\dot{U}_2 = -100\angle -150°$ V，其频率 $f = 100\,\mathrm{Hz}$，则 $u_1(t) =$ _____ V，$u_2(t) =$ _____ V，u_1 与 u_2 的相位差_____。

（4）已知 $u_1(t) = 6\sqrt{2}\cos(314t + 30°)$ V，$u_2(t) = 4\sqrt{2}\cos(314t + 60°)$ V，则 $\dot{U}_1 =$ _____ V，$\dot{U}_2 =$ _____ V，$\dot{U} = \dot{U}_1 + \dot{U}_2 =$ _____ V，$u(t) = u_1(t) + u_2(t) =$ _____ V。（要求写出求解过程，并画出相量图）。

总结：为方便计算，同频的正弦量的加减运算就变成对应的相量的加减运算，即：$u(t) = u_1(t) \pm u_2(t)$ 的运算，可变换为对应的_____。

（三）视频：电路定律的相量形式

电路定律的
相量形式

1. 视频知识点归纳总结

（1）KCL 的相量形式为_____，即任一节点上_____的正弦量的对应_____。

（2）KVL 的相量形式为_____，即任一回路中_____的正弦量的对应_____。

（3）电阻电路如图 7.8（a）所示，当有正弦电流 $i(t) = \sqrt{2}I\cos(\omega t + \varphi_i)$ 通过时，在时域中则有 $u_R(t) = Ri(t) =$ _____，而在相量域中 $\dot{U}_R =$ _____ = _____，$U_R =$ _____，$\varphi_u =$ _____，即电压电流_____，或相位差等于_____。

在图 7.8（b）中画出电阻的相量模型，在图 7.8（c）中画出其电压和电流的相量图。

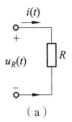

（a）　　　　　　　　　（b）相量模型　　　　　　（c）相量图

图 7.8

结论：电压和电流的相量和有效值都满足欧姆定律，且同相位。

（4）电感电路如图 7.9（a）所示，当有正弦电流 $i(t) = \sqrt{2}I\cos(\omega t + \varphi_i)$ 通过时，在时域中则有 $u_L(t) = L\dfrac{\mathrm{d}i(t)}{\mathrm{d}t} =$ _____，而在相量域中 $\dot{U}_L =$ _____ = _____，$U_L =$ _____，$\varphi_u =$ _____，说明电感电压_____电感电流_____。

其中 $X_L = \omega L$ 称为_____，单位为_____，X_L 与频率成_____，当 $\omega = 0$ 时（直流），电感相当于_____，当 $\omega = \infty$ 时，电感相当于_____。$B_L = -\dfrac{1}{\omega L}$ 称为_____，单位为_____。

在图 7.9（b）中画出电感的相量模型，在图 7.9（c）中画出其电压和电流的相量图。

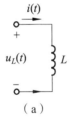

（a）　　　　　　　　（b）相量模型　　　　　　（c）相量图

图 7.9

结论：电压和电流的有效值之间的关系类似于_____，在相位上，电压_____（超前/滞后）电流_____。

（5）电容电路如图 7.10（a）所示，当有正弦电流 $i(t) = \sqrt{2}I\cos(\omega t + \varphi_i)$ 通过时，在时域中则有 $u_C(t) = \dfrac{1}{C}\int i(t)\mathrm{d}t = $ _____，而在相量域中 $\dot{U}_C = $ _____ = _____，$U_C = $ _____，$\varphi_u = $ _____，说明电容电压_____电感电流_____。

其中 $X_C = -\dfrac{1}{\omega C}$ 称为_____，单位为_____，X_C 与频率成_____，当 $\omega = 0$ 时（直流），电容相当于_____，当 $\omega = \infty$ 时，电容相当于_____。$B_C = \omega C$ 称为_____，单位为_____。

在图 7.10（b）中画出电容的相量模型，在图 7.10（c）中画出其电压和电流的相量图。

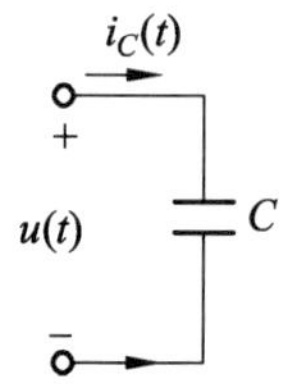

（a）　　　　　　　　（b）相量模型　　　　　　　（c）相量图

图 7.10

结论：电压和电流有效值之间的关系类似于_____，在相位上，电压_____（超前/滞后）电流_____。

2. 知识点的应用

（1）求图 7.11（a）（b）所示电路中，电流表和电压表的读数。（通过相位关系，画相量图求解。）

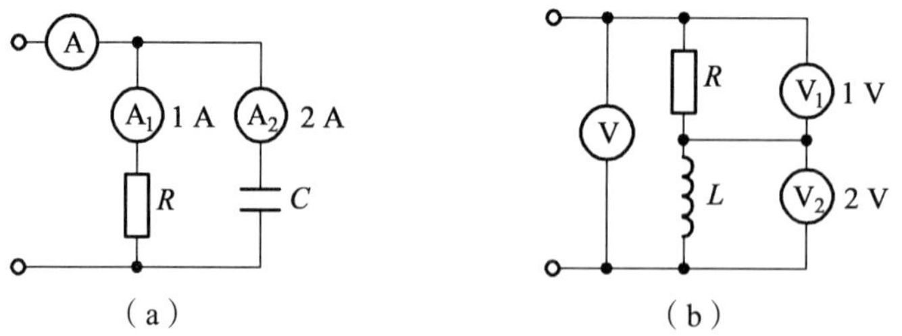

（a）　　　　　　　　　　　　　（b）

图 7.11

（2）电路如图 7.12（a）所示，$i_S(t) = 5\sqrt{2}\cos(10^3 t)\,\mathrm{A}$，$R = 3\,\Omega$，$L = 1\,\mathrm{H}$，$C = 1\,\mu\mathrm{F}$，求电压 u_{ad} 和 u_{bd}。

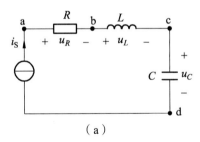

（a）   （b）相量模型

图 7.12

① 在图 7.12（b）中画出电路的相量模型。

② 应用元件的 VCR 和 KVL 进行求解。

总结：相量模型的画法。

（1）电路中所有的电压、电流都用相量表示。

（2）电感参数用 $\mathrm{j}\omega L$ 表示，电容参数用 $\dfrac{1}{\mathrm{j}\omega C}$ 或 $-\mathrm{j}\dfrac{1}{\omega C}$ 表示。

第八章　正弦稳态电路的分析

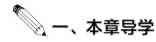一、本章导学

1. 知识框图

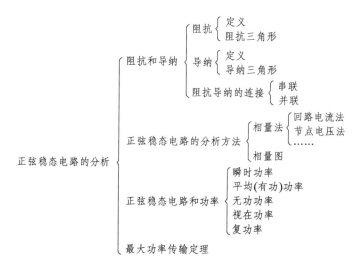

2. 学习目标

（1）掌握电路元件的相量模型，两种约束的相量表示法。

（2）了解正弦稳态响应的基本概念。

（3）掌握用相量法分析正弦稳态电路。

（4）理解正弦稳态电路功率的物理意义，掌握正弦稳态电路的分析方法、功率及最大功率传输。

3. 重、难点

重点：正弦稳态电路的分析方法，功率阻抗，导纳串、并联及其互换，正弦稳态电路的分析计算。

难点：用相量分析正弦稳态电路，正弦稳态电路的分析方法。

4. 本章考点

（1）求串、并联电路的等效阻抗。

（2）正弦量稳态电路的分析，画电路的相量图。

（3）正弦稳态电路的平均功率、无功功率、视在功率、复功率、功率因数的关系。

（4）求最大功率。

二、知识点的总结与应用

（一）视频：阻抗与导纳

1. 视频知识的归纳总结

（1）如图 8.1 所示网络中，定义无源线性网络的（复）阻抗 $Z =$ _____。

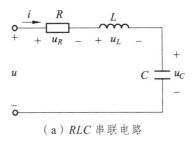

（a）　　　　　　　　　　　　（b）阻抗三角形

图 8.1

$$Z = \frac{U\angle\varphi_u}{I\angle\varphi_i} = \underline{\quad\quad} = |Z|\angle\varphi = R + \mathrm{j}X$$

式中，$|Z|$ 称为_____，φ 称为_____，R 称为_____，X 称为_____。这四个量的关系可用阻抗三角形来描述。请在图 8.1（b）中画出阻抗三角形，并在相应位置标出各量。

（2）如一端口内仅含 R、L、C 时，对应的阻抗分别为：$Z_R =$ ____，$Z_L =$ ____，$Z_C =$ _____。

（3）RLC 串联电路如图 8.2（a）所示，其等效阻抗 $Z =$ _____ $= R + \mathrm{j}X = |Z|\angle\varphi$。分别在图 8.2（b）（c）中画出电路的相量模型和电压三角形，电压三角形和图 8.1（b）的阻抗三角形是_____三角形。

（a）RLC 串联电路　　　　（b）相量模型　　　（c）电压三角形

图 8.2

总结：

① 当 $\omega L > \dfrac{1}{\omega C}$ 时，φ ____ 0，u _____（超前/滞后）i，电路呈_____。

② 当 $\omega L < \dfrac{1}{\omega C}$ 时，φ ____ 0，u _____（超前/滞后）i，电路呈_____。

③ 当 $\omega L = \dfrac{1}{\omega C}$ 时，φ ____ 0，u 与 i _____，电路呈_____。

分别在图 8.3（a）（b）（c）中画出这三种情况的相量图。（以电流为参考相量）

（a）相量图（感性）　　（b）相量图（容性）　　（c）相量图（阻性）

图 8.3

注意：对阻抗或导纳的串、并联电路的分析计算，完全可以采用电阻电路中的分析方法。

（4）如图 8.1 所示网络，定义无源线性网络的（复）导纳 $Y = $ _____。

$$Y = \frac{I \angle \varphi_i}{U \angle \varphi_u} = \underline{\hspace{2cm}} = |Y| \angle \varphi_Y = G + jB$$

式中，$|Y|$ 称为_____，φ_Y 称为_____，G 称为_____，B 称为_____。这四个量的关系可用导纳三角形来描述。请在图 8.4 中画出导纳三角形，并在相应位置标出各量。

图 8.4　导纳三角形

（5）如一端口内仅含 R、L、C 时，对应的导纳分别为：$Y_R = $ _____，$Y_L = $ _____，$Y_C = $ _____。

（6）RLC 并联电路如图 8.5（a）所示，在图 8.5（b）中画出该电路的相量模型，其等效导纳 $Y = \underline{\hspace{2cm}} = G + jB = |Y| \angle \varphi_Y$。在图 8.5（c）中画出电路的电流三角形，此三角形和图 8.4 的导纳三角形是_____三角形。

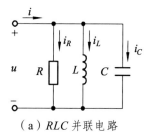

（a）RLC 并联电路　　　　（b）相量模型　　　（c）电压三角形

图 8.5

总结：

① 当 $\omega C > \dfrac{1}{\omega L}$ 时，φ_Y ____ 0，u _____（超前/滞后）i，电路呈 _____。

② 当 $\omega C < \dfrac{1}{\omega L}$ 时，φ_Y ____ 0，u _____（超前/滞后）i，电路呈 _____。

③ 当 $\omega C = \dfrac{1}{\omega L}$ 时，φ_Y ____ 0，u 与 i _____，电路呈 _____。

分别在图 8.6（a）（b）（c）画出这三种情况的相量图。（以电压为参考相量）

（a）相量图（感性）　　（b）相量图（容性）　　（c）相量图（阻性）

图 8.6

2. 知识点的应用

（1）在如图 8.7 所示电路中，已知 $Z_1 = 8 + j6$（Ω），$Z_2 = 12 + j9$（Ω），$Z_3 = 15 + j5$（Ω），求 Z_{ab}。

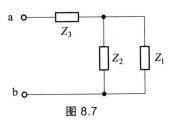

图 8.7

（2）已知如图 8.1（a）所示的二端网络的等效导纳 $Y = 0.12 + j0.16$（S），求等效阻抗 Z。

（3）电路如图 8.8 所示，已知 $Z_1 = j10\ \Omega$，$Z_2 = j5\ \Omega$，求电路的输入阻抗 Z_i 的值。

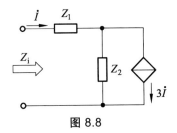

图 8.8

（二）视频：电路的相量图

电路的相量图

1. 视频知识点归纳总结

（1）画相量图的原则：

① 串联：由于串联电路的_____相等，故以_____相量为参考相量，然后根据支路（元件）_____确定串联各部分_____方向，最后根据_____画出回路上各电压相量组成的多边形。

② 并联：由于并联电路的_____相等，故以_____相量为参考量，然后根据各支路（元件）_____确定并联各支路_____方向，最后根据_____画出结点上各电流相量组成的多边形。

③ 混联：选取并联支路最多的电压相量为参考量，再画出其他的相量。

（2）试分别在图 8.9（a）（b）（c）中画出 R、L、C 元件的电压、电流关系（VCR）的相量图。以电压相量为参考相量。

（a）R 元件   （b）L 元件   （c）C 元件

图 8.9

2. 知识点的应用

（1）如图 8.10（a）所示正弦稳态电路中，已知 $\omega = 2$ rad/s，$R = 2\ \Omega$，$L = 1$ H。若 i 与 u 同相，试用相量图分析 i_1 超前 i_2 多少度？

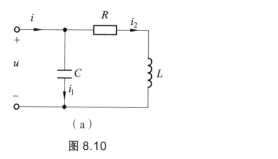

（a）   （b）

图 8.10

解：① 电路为____联电路，故设_____为参考相量。在图 8.10（b）中画出参考相量。

② $\dot{I}_1$ 为电容元件的电流，应_____电压 $\dot{U}$ 90°，即 $\dot{U}$ 按____时针方向旋转 90° 为 $\dot{I}_1$ 的方向，在图 8.10（b）中相应位置画出 $\dot{I}_1$。

③ $\dot{I}_2$ 为 RL 串联支路的电流，应_____电压 $\dot{U}$，角度等于_____。

由题可知，$R = 2\ \Omega$，$\omega L = \underline{\quad}\ \Omega$，该支路阻抗角等于_____。故 $\dot{U}$ 按____时针方向旋转_____为 $\dot{I}_2$ 的方向，在图 8.10（b）中相应位置画出 $\dot{I}_2$。

④ 由最后画出的相量图，见图 8.10（b），可得 $\dot{I}_1$ 超前 $\dot{I}_2$_____。

（2）定性画出图 8.11（a）所示电路的相量图。

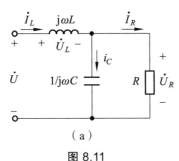

（a）   （b）相量图

图 8.11

解：设 $\dot{U}_R = U_R \angle 0°$ 为参考相量。

① 由于 R、C 元件_____联，可根据 $\dot{I}_R$ 和 $\dot{I}_C$ 与 $\dot{U}_R$ 的相位关系画出 $\dot{I}_R$ 和 $\dot{I}_C$ 相量：$\dot{I}_R$ 和 $\dot{U}_R$_____，$\dot{I}_C$_____ $\dot{U}_R$ 90°。

② 由 KCL：_____，可画出 $\dot{I}_L$ 相量。$\dot{U}_L$_____ $\dot{I}_L$ 90°，继而画出 $\dot{U}_L$。

③ 由 KVL：_____，可画出 $\dot{U}$ 相量。

根据上述步骤，在图 8.11（b）中画出以上相量图。

（三）视频：正弦稳态电路的分析

正弦稳态
电路分析

1. 视频知识点归纳总结

（1）在表 8.1 中写出电路基本定律的形式。

表 8.1　电路的基本定律

电路定律	电阻电路 （时域形式）	正弦稳态电路（相量形式）
KCL		
KVL		
VCR		

由此可见，二者依据的电路定律是相似的，只要作出正弦稳态电路的_____模型，便可将电阻电路的分析方法推广应用于正弦稳态的_____分析中。

（2）与直流电路一样，正弦稳态电路中的电流、电压仍然满足两类约束：一是_____约束，即基尔霍夫定律的相量形式，表达式分别为_____，_____；二是_____约束，即元件 VCR。R、L、C 元件相量形式的 VCR 分别表示为：_____，_____，_____。基于相同的理论基础，因此，在正弦稳态电路中，直流部分学过的常用的电路分析方法，如回路电流法、节点电压法、叠加定理、戴维宁定理等仍然适用。

2. 知识点的应用

（1）电路如图 8.12 所示，已知：$R_1 = 1\,000\,\Omega$，$R_2 = 10\,\Omega$，$L = 500\,\text{mH}$，$C = 10\,\mu\text{F}$，$U = 100\,\text{V}$，$\omega = 314\,\text{rad/s}$，求各支路电流（要求画出相量模型，用相量求解）。

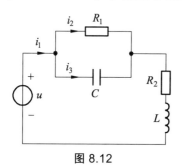

图 8.12

（2）如图 8.13 所示电路中，试用叠加定理求电流 $i_1(t)$。已知：

$$u_{S1}(t) = 3\sqrt{2}\cos\omega t\ \text{V}, \quad u_{S2}(t) = 4\sqrt{2}\sin\omega t\ \text{V}, \quad \omega = 2\,\text{rad/s}。$$

（要求画出分电路的相量模型。）

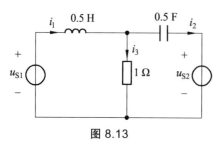

图 8.13

（3）电路如图 8.14 所示，已知 $I_1 = I_2 = 10\,\text{A}$，求 $\dot{I}$ 和 $\dot{U}_\text{S}$。

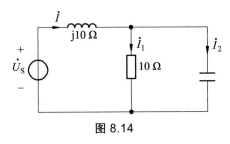

图 8.14

（4）列写如图 8.15 所示电路的回路电流方程和节点电压方程。

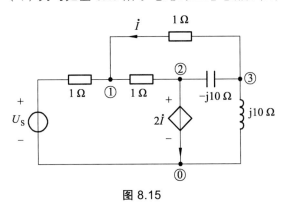

图 8.15

076

（5）电路如图 8.16 所示，已知 $I_2 = 10$ A、$I_3 = 10\sqrt{2}$ A、$U = 200$ V、$R_1 = 5\ \Omega$、$R_2 = X_L$，求：I_1、X_C、X_L、R_2。

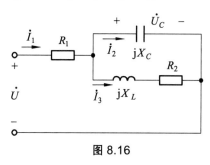

图 8.16

（四）视频：正弦稳态电路的功率

正弦稳态电路的
功率

1. 视频知识点归纳总结

1）瞬时功率

瞬时功率定义：如图 8.17（a）所示的无源二端网络 N_0，其吸收的瞬时功率 p（t）可表示为：_____。设 $u(t) = \sqrt{2}U\cos(\omega t + \varphi_u)$，$i(t) = \sqrt{2}I\cos(\omega t + \varphi_i)$，瞬时功率 $p(t) = u(t)i(t) =$ _____，称为第一种表达式。其中：_____称为不变恒定部分，_____称为随时间变化的可逆部分，$\varphi =$ _____。u、i、p 随时间变化规律如图 8.17（b）所示。

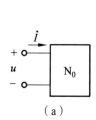

（a）

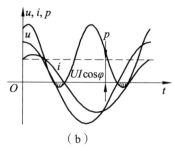

（b）

图 8.17

第二种表达式为：$p(t) = u(t)i(t) =$ _____，其中：_____称为不可逆部分，_____称为可逆部分。

2）平均功率

（1）瞬时功率的平均值即为平均功率，即 $P = $ _____ = _____ = _____，单位：_____。式中 $\varphi = $ _____，称为 _____。

（2）各元件平均功率的讨论：

R（$\varphi = $ ___）：$P = $ _____ = _____， $\cos\varphi = $ _____

L（$\varphi = $ ___）：$P = $ _____ = _____， $\cos\varphi = $ _____

C（$\varphi = $ ___）：$P = $ _____ = _____， $\cos\varphi = $ _____

一端口网络[见图8.17（a）]：可等效为 $R + jX$ 的串联模型［见图8.18（a）］，则 P 的计算公式为 $P = UI\cos\varphi = $ _____ = _____ = _____。

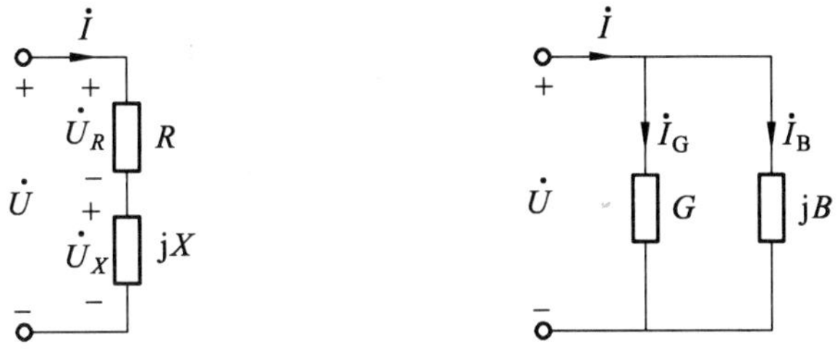

图 8.18

若等效为 $G + jB$ 的并联模型［见图8.18（b）］，则 P 的计算公式为

$P = UI\cos\varphi = $ _____ = _____ = _____

综上，可得：① 电阻消耗的平均功率总是大于 0，我们把平均功率也称为 _____，且电路满足 _____ 守恒。

② 电感、电容元件消耗的有功功率为 _____，即不消耗有功功率。

③ 对任意无源二端网络，当 $0 \leqslant \cos\varphi \leqslant 1$ 时：

若 $X>0$， $\varphi > 0$， u 超前 i，或 i 滞后 u，电路呈 _____ 性；

若 $X<0$， $\varphi < 0$， i 超前 u，或 u 滞后 i，电路呈 _____ 性；

若 $X = 0$， $\varphi = 0$， u 与 i 同相，电路呈 _____ 性。

常用：$\cos\varphi = 0.5$（滞后）， $\varphi = 60°$，电路呈 _____ 性。$\cos\varphi = 0.5$（超前），$\varphi = -60°$，电路呈 _____ 性。

3）无功功率

（1）瞬时功率的第二种表达式为 _____，我们定义可逆部分的最大值为 $Q = $ _____，称为无功功率。单位：_____（乏）。无功功率反映了 _____，是由 _____ 性质决定的。无功功率满足 _____ 守恒。

（2）各元件无功功率的讨论：

R（$\varphi = $ ___）：$Q = $ _____ = _____， $\sin\varphi = $ _____

L（$\varphi = $ ___）：$Q = $ _____ = _____， $\sin\varphi = $ _____

C（$\varphi =$ ___）：$Q =$ _____ = _____，$\sin\varphi =$ _____。在正弦交流稳态电路中，视为_____。

4）视在功率

（1）视在功率可定义为 $S =$ _____，单位：_____。其物理意义：表征电源_____的能力。能力越大，表征电源承受_____的能力越大。

（2）如图 8.17 所示的无源二端网络等效为串联模型，即 $Z = R + \mathrm{j}X$。可画出阻抗三角形，阻抗三角形每边乘以_____，即得 $\dot{U} = \dot{U}_R + \dot{U}_X$，可画出电压三角形。电压三角形每边再乘以_____，$U_R I$ 即表示_____功率，$U_X I$ 即表示_____功率，这样便得到另一个三角形，称为_____三角形，我们定义此三角形的斜边为视在功率 $S =$ _____，在图 8.19 中画出这三个三角形。

（a）阻抗三角形　　　（b）电压三角形　　　（c）功率三角形

图 8.19

从上面三个三角形可以发现：这三个三角形是相似三角形；功率因数角既是电压与电流的相位差，又是_____。

2. 知识点的应用

（1）在图 8.20 中，已知：电动机 $P_D = 1\,000$ W，$U = 220$ V，$f = 50$ Hz，$C = 30\ \mu$F，$\cos\varphi = 0.8$（滞后），求负载电路的功率因数。

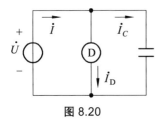

图 8.20

（2）电路如图 8.21 所示，外施电压 $\dot{U}$ 为工频电压，其有效值为 50 V，电流 $\dot{I}$ 的有效值为 2 A，电路消耗总功率为 100 W，Z_1 的无功功率为 – 40 var，Z_2 的有功功率为 20 W，求阻抗 Z_2 和电压 $\dot{U}_2$ 的有效值。

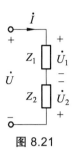

图 8.21

（五）视频：复功率，最大功率传输

复功率，最大功率
传输

1. 视频知识点归纳总结

1）复功率

（1）如图 8.22 所示，设 $\dot{U} = U\angle\psi_u$，$\dot{I} = I\angle\psi_i$，定义 $\bar{S} = \dot{U}\dot{I}^*$ 为复功率。单位：_____

（a） （b）功率三角形

图 8.22

显然，有

$$\bar{S} = \dot{U}\dot{I}^* = U\angle\psi_u I\angle-\psi_i = \underline{\hspace{3cm}}$$
$$= S\angle\varphi = \underline{\hspace{3cm}} = P + jQ$$

试在图 8.22（b）中画出功率三角形，将各个功率标在相应位置，它们之间的关系也就一目了然了。

注意：满足功率守恒的功率有_____，不满足功率守恒的功率有_____。

（2）复功率还可以表示为：$\bar{S} = \dot{U}\dot{I}^* = Z\dot{I}\dot{I}^* = \underline{\hspace{3cm}}$

$$\bar{S} = \dot{U}\dot{I}^* = \dot{U}(\dot{U}Y)^* = \underline{\hspace{3cm}}$$

（3）复功率 $\overline{S}$ 是_____，而不是相量，它不对应任何正弦量。

（4）$\overline{S}$ 把 P、Q、S 联系在一起，它的实部是_____功率，虚部_____功率，模是_____功率；复功率满足_____守恒。

（5）功率因数 $\cos\varphi$ 太小，对电路的不利影响有：_____

_____

提高功率因数措施：_____。

（6）用相量图分析如何确定并联电容 C 的大小及提高功率因数的意义。

设 $\dot{U} = U\angle 0°$ 为参考相量，试画出图8.23（a）的相量图。

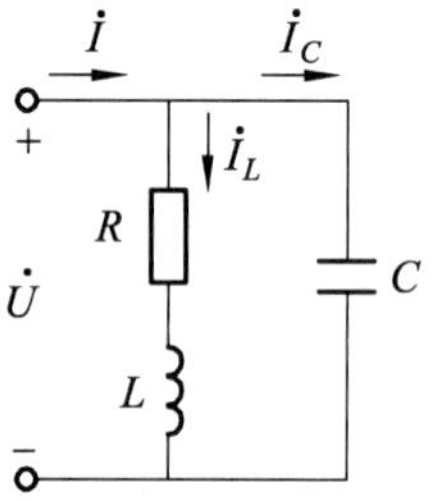

（a）　　　　　　　（b）相量图　　　（c）功率三角形

图 8.23

由图8.23（b）的相量图可得：$I_C =$ _____

$I_L =$ _____，$I =$ _____

$\omega CU =$ _____

又 $I_C =$ _____

所以并联的电容 $C =$ _____

（7）用功率三角形分析如何确定并联电容 C 的大小。

画出图8.23（a）所示电路的功率三角形。

由图8.23（c）可得：$Q_L =$ _____，$Q =$ _____

$Q_C =$ _____

又 $Q_C =$ _____

所以并联的电容 $C =$ _____

由上可知：并联 C 后，负载的工作状态_____（有/没有）变化，电源向负载输送的_____功率不变，但是电源向负载输送的_____功率减少了，减少的这部分_____功率就是由_____"产生"的_____功率来提供的，使感性负载吸收的无功功率保持不变，因而功率因数得到提高。

2）最大功率传输定理

（1）直流激励下的最大功率传输定理：_____

（2）正弦交流激励下的最大功率传输定理：电路如图8.24所示，当 $Z_L =$ ____时负载获得最大功率，且最大功率 $P_{\max} =$ _____，称为_____。

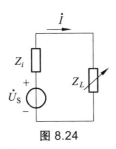

图 8.24

2. 知识点的应用

（1）如图 8.25 所示电路中，设电源频率 $f = 50\ \text{Hz}$，$U = 380\ \text{V}$，负载功率为 $20\ \text{kW}$，$\cos\varphi_1 = 0.6$（感性），试求并联多大的电容可以使功率因数提高到 0.9？

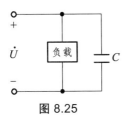

图 8.25

（2）电路如图 8.26 所示，求：① $R_L = 5\ \Omega$ 时其消耗的功率；② R_L 为何值才能获得最大功率，并求最大功率。

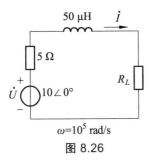

$\omega = 10^5\ \text{rad/s}$

图 8.26

（3）电路如图 8.27 所示，已知 $R = 10\ \Omega$，$C = 159\ \mu\text{F}$，$L = 31.8\ \text{mH}$，$u(t) = 220\sqrt{2}\sin 314t\ \text{V}$，求总阻抗 Z、电感电压 $u_L(t)$ 以及电路的 P、Q、$\overline{S}$。

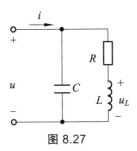

图 8.27

第九章　含有耦合电感的电路

 一、本章导学

1. 知识框图

$$
互感
\begin{cases}
性质：线性电感\ M_{12}=M_{21}=M \\[4pt]
基本概念
\begin{cases}
耦合系数：k=M/\sqrt{L_1L_2} \\
同名端：两个线圈上的两个端组，当电流从这两个端钮流入时，产生的 \\
\quad 磁场相互增强 \\
互感电压的极性：当电流从一个线圈的同名端流入时，若规定在另一个 \\
\quad 线圈上产生的互感磁场电压的正极性也在同名端上，则\ u=M\mathrm{d}i/\mathrm{d}t
\end{cases} \\[4pt]
去耦
\begin{cases}
串联
\begin{cases}
顺串：L_{eq}=L_1+L_2+2M \\
反串：L_{eq}=L_1+L_2-2M
\end{cases} \\
并联
\begin{cases}
同名端在异侧 \\
同名端在异侧
\end{cases} \\
一个公共端
\begin{cases}
同名端都接到公共端 \\
同名端未接到公共端
\end{cases}
\end{cases} \\[4pt]
应用——变压器
\begin{cases}
空心变压器：阶互感线圈的一般求解方法外，可利用原边等效电路 \\
全耦合变压器：求解方法与空心变压器类似，增加\ k=1\ 的条件 \\
理想变压器
\begin{cases}
u_1=nu_2,\ i_2=-ni_1（注意电压电流的参考方向） \\
Z_{in}=n^2Z_L（利用此性质实现阻抗匹配）
\end{cases}
\end{cases}
\end{cases}
$$

2. 学习目标

掌握耦合电感元件的 VAR 和含有耦合电感元件的电路计算，了解空心变压器及其等效电路、理想变压器及其用途。

3. 重、难点

重点：耦合电感元件的 VAR 和含有耦合电感元件的电路计算，空心变压器及其等效电路、理想变压器的 VAR

难点：互感电压的表达式及其正负的规定，空心变压器的等效电路

4. 本章考点

（1）耦合系数的计算。

（2）去耦等效电感或等效阻抗的计算。

（3）理想变压器的计算。

二、知识点的总结与应用

互感

（一）视频：互感

1. 视频知识点归纳总结

（1）电路如图 9.1 所示，具有耦合现象的电感元件称为耦合电感（元件）；互感线圈 1 中通入电流 i_1 时，在线圈 1 中产生的磁通 Φ_{11} 称为_____，同时，有部分磁通穿过邻近线圈 2，穿过邻近线圈 2 的这部分磁通 Φ_{21} 称为_____。

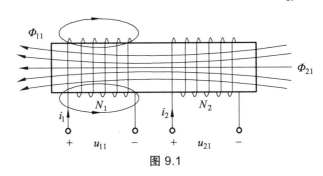

图 9.1

（2）两个互感线圈都通有电流时（线圈 1 电流 i_1，线圈 2 电流 i_2），每一线圈的磁链为自感磁链和互感磁链的代数和。线圈 1 的磁链 $\psi_1 = \psi_{11} \pm \psi_{12} =$ _____，其中 Ψ_{11} 是线圈_____通入电流在线圈_____中产生的自感磁链，ψ_{12} 是线圈_____通入电流在线圈_____中产生的互感磁链，线圈 2 的磁链 $\psi_2 = \psi_{22} \pm \psi_{21} =$ _____。式中的 L 是_____，总为_____（正/负），式中的 M 是_____，其值_____（正/负/可正可负），其正负由_____和_____决定。

（3）当两个互感线圈同时通以时变电流时，在线圈中会产生时变磁通，则在每个线圈的两端就会产生感应电压。每个线圈的感应电压都包括_____电压和_____电压，即 $u_1 = u_{11} \pm u_{12} =$ _____，其中 u_{11} 为_____电压，u_{12} 为_____电压，u_{12} 是线圈_____通入电流在线圈_____中产生的电压。$u_2 = u_{22} \pm u_{21} =$ _____。在正弦交流电路中，其相量形式的方程为：$\dot{U}_1 =$ _____，$\dot{U}_2 =$ _____。

（4）工程上用耦合系数 k 表示两个线圈磁耦合的紧密程度。耦合系数 k 与线圈的_____、_____、_____有关。耦合系数 $k =$ _____，其中 k_____1。$k = 1$ 称_____，此时漏磁通为_____；$k = 0$ 称_____，此时漏磁通_____。

（5）同名端的定义：_____

_____

同名端可用_____表示。

（6）写出如图 9.2（a）和（b）中的 u_{21}。

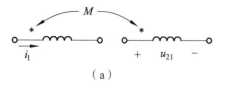 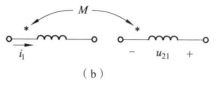

（a）　　　　　　　　　　（b）

图 9.2

$u_{21} =$ _____　　　　　$u_{21} =$ _____

2. 知识点的应用

（1）如图 9.3 所示的耦合电感线圈，其中互感系数 $M_{12} = M_{21}$、$M_{13} = M_{31}$、$M_{23} = M_{32}$。

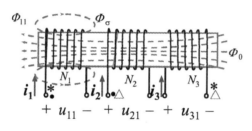

图 9.3

则 $u_{21} =$ _____，　$u_{31} =$ _____。

（2）写出图 9.4（a）和（b）所示电路电压、电流关系式，在图 9.5（a）、（b）中画出图 9.4 的相量模型并写出电压、电流的相量关系式。

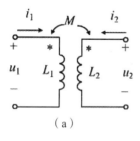 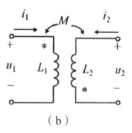

（a）　　　　　　　　　　（b）

图 9.4

$u_1 =$ _____　　　　　$u_1 =$ _____

$u_2 =$ _____　　　　　$u_2 =$ _____

（a）相量模型　　　　　　（b）相量模型

图 9.5

$$\dot{U}_1 = \underline{\hspace{5cm}} \qquad\qquad \dot{U}_1 = \underline{\hspace{5cm}}$$
$$\dot{U}_2 = \underline{\hspace{5cm}} \qquad\qquad \dot{U}_2 = \underline{\hspace{5cm}}$$

（3）写出图9.6（a）和（b）所示电路的电压、电流关系式。

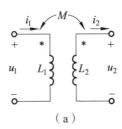 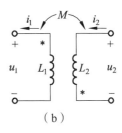

（a）　　　　　　　　　　　　（b）

图9.6

$$u_1 = \underline{\hspace{5cm}} \qquad\qquad u_1 = \underline{\hspace{5cm}}$$
$$u_2 = \underline{\hspace{5cm}} \qquad\qquad u_2 = \underline{\hspace{5cm}}$$

含有耦合电感
电路的分析计算

（二）视频：含有耦合电感电路的计算

1. 视频知识点归纳总结

（1）互感线圈有_____、_____和_____三种连接方式。

（2）判断图9.7（a）～（f）所示电路中互感线圈的连接方式，写出其去耦等效电感，并在图9.8中画出（a）～（f）对应的去耦等效电路。

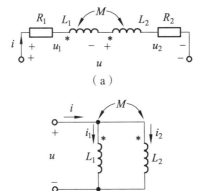 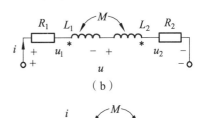

（a）　　　　　　　　　　　　（b）

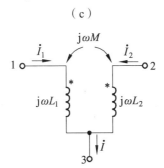 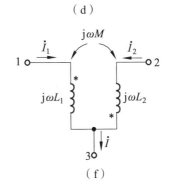

（c）　　　　（d）　　　（e）　　　（f）

图9.7

图（a）为_____连接，其 L_{eq} = _____；

图（b）为_____连接，其 L_{eq} = _____；

图（c）为_____连接，其 L_{eq} = _____；

图（d）为_____连接，其 L_{eq} = _____。

图（e）和图（f）都为_____连接。图（e）中 $\dot{U}_{13}$ = _____；

图（f）中 $\dot{U}_{23}$ = _____。

（a）去耦等效电路　　　（b）去耦等效电路　　　（c）去耦等效电路

（d）去耦等效电路　　　（e）去耦等效电路　　　（f）去耦等效电路

图 9.8

2. 知识点的应用

（1）电路如图 9.9 所示，$L_1 = 6\,H$，$L_2 = 3\,H$，$M = 4\,H$，$\omega = 1\,rad/s$，试求各图的输入阻抗。

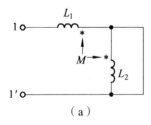

（a）

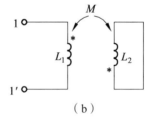

（b）

图 9.9

（2）电路如图 9.10 所示，$\omega = 1\,\text{rad/s}$，试求各图的输入阻抗。

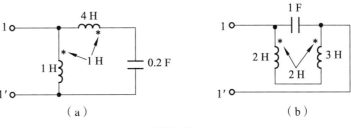

图 9.10

（3）列写图 9.11 所示电路的网孔电流方程。

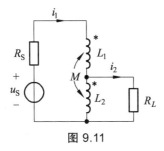

图 9.11

（4）如图 9.12 所示电路中，$R_1 = R_2 = 1\,\Omega$，$\omega L_1 = 3\,\Omega$，$\omega L_2 = 2\,\Omega$，$\omega M = 2\,\Omega$，$U_1 = 100\,\text{V}$，求开关 S 打开和闭合时的电流 $\dot{I}_1$。

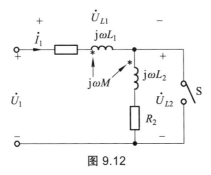

图 9.12

（三）视频：变压器原理，理想变压器

变压器原理，
理想变压器

1. 视频知识点归纳总结

（1）变压器是利用_____来实现从一个电路向另一个电路传输能量或信号的器件。

（2）变压器接电源的线圈称为_____，也称_____或_____。变压器接负载的线圈称为_____，也称_____或_____。

（3）图9.13电路中，左边回路为_____，也叫_____，或_____、_____；右边回路为_____，也叫_____，或_____、_____。

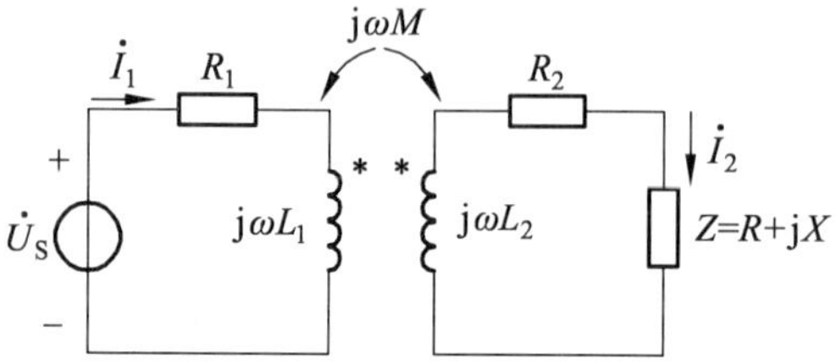

图 9.13

（4）变压器分为_____和_____。当变压器线圈芯子为铁磁材料时，称为_____，常用来传输_____；当变压器线圈的芯子为非铁磁材料时，称为_____，常称为_____，常用来传递_____。

（5）图9.13电路中，可列写回路方程分别为（回路绕行方向为顺时针方向）：

原边回路：_____

副边回路：_____

若令 $Z_{11} = R_1 + j\omega L_1$，$Z_{22} = R_2 + j\omega L_2 + R + jX$，解得：

$\dot{I}_1 = $ _____ （式1） $\dot{I}_2 = $ _____ （式2）

由式（1）、（2），可在图9.14画出原、副边等效电路为：

（a）原边等效电路   （b）副边等效电路

图 9.14

由图（a）可得，副边对原边的引入阻抗为_____。同样由图（b）可得，原边对副边的引入阻抗为_____。

结论：引入阻抗反映了副边（或原边）回路对原边（或副边）回路的影响。从物理意义讲，虽然原、副边没有电的联系，但由于_____作用使闭合的副边产生电流，反过来这个电流又影响原边电流、电压。

注：利用戴维宁定理也可以求得变压器副边的等效电路。

（6）利用图 9.14（a）（b）原、副边等效电路可以求解空心变压器电路。此外，空心变压器还有两种去耦方法，分别是_____和_____，请在图9.15分别画出对应的去耦等效电路图。

（a）去耦原边等效电路一　　　　　（b）去耦原边等效电路二

图 9.15

（7）理想变压器是实际变压器的理想化模型，是对互感元件的理想科学抽象，是极限情况下的耦合电感。理想变压器理想化的条件是＿＿＿＿＿＿＿＿、＿＿＿＿＿＿＿＿＿和＿＿＿＿＿＿＿＿＿＿。

（8）理想变压器模型如图 9.16 所示，理想变压器的作用有（写出表达式）：

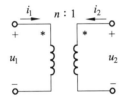

图 9.16　理想变压器模型

① 变压：＿＿＿＿＿＿＿＿＿＿＿＿＿＿＿＿＿＿＿＿＿＿＿＿＿

符号确定原则为＿＿＿＿＿＿＿＿＿＿＿＿＿＿＿＿＿＿＿＿＿＿＿

② 变流：＿＿＿＿＿＿＿＿＿＿＿＿＿＿＿＿＿＿＿＿＿＿＿＿＿

符号确定原则为＿＿＿＿＿＿＿＿＿＿＿＿＿＿＿＿＿＿＿＿＿＿＿

③ 变阻抗：＿＿＿＿＿＿＿＿＿＿＿＿＿＿＿＿＿＿＿＿＿＿＿

结论：理想变压器的阻抗变换性质只改变阻抗的＿＿＿＿＿＿，不改变阻抗的＿＿＿＿＿＿。

④ 功率性质：$p = u_1 i_1 + u_2 i_2 = $＿＿＿＿＿＿＿＿＿＿＿

说明：理想变压器既＿＿＿＿（能/不）储能，又＿＿＿＿（能/不）耗能，在电路中起＿＿＿＿＿＿＿＿＿＿的作用。

2. 知识点的应用

（1）电路如图 9.17 所示，已知 $R = 2\,\Omega$，$\omega L_1 = 2\,\Omega$，$\omega L_2 = 32\,\Omega$，$\omega M = 6\,\Omega$，$\dfrac{1}{\omega C} = 20\,\Omega$。请画出原、副边等效电路图，并计算原、副边回路阻抗 Z_{11}、Z_{22}，原、副边引入阻抗，副边等效电路图中的等效电源电压 $\dot{U}_{\mathrm{OC}}$。

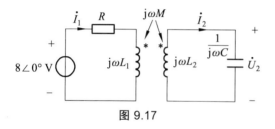

图 9.17

（2）求图 9.18 所示电路的等效电感。

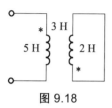

图 9.18

（3）理想变压器如图 9.19 所示，则电压、电流关系分别为：$\dfrac{u_1}{u_2} = $ _____，

$\dfrac{i_1}{i_2} = $ _____。

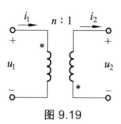

图 9.19

第十章　电路的频率响应

 一、本章导学

1. 知识框图

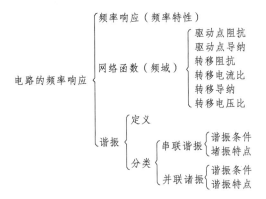

2. 学习目标

（1）理解频率特性的概念，掌握网络函数的概念、分类及求取方法。

（2）掌握谐振的概念、条件及特点，学会串、并联谐振电路的分析计算，了解谐振电路的应用。

3. 重、难点

重点：网络函数的概念，串、并联谐振的概念及电路分析。

难点：串、并联谐振的电路分析。

4. 本章考点

（1）频率特性（或频率响应）的概念，网络函数的定义。

（2）串、并联谐振电路分析。

 二、知识点的总结与应用

（一）视频：网络函数，*RLC* 串联谐振

网络函数，
RLC 串联谐振

1. 视频知识点归纳总结

（1）频率特性是指电路和系统的工作状态跟随_____而变化的现象，又称_____。

（2）网络函数是指在_____中，当只有_____作用时，网络中_____与_____之比。$H(j\omega) = $_____。

（3）网络如图10.1所示，试写出各网络函数表达式。

① 驱动点函数

端口1，驱动点阻抗 $H(j\omega) = $_____；端口2，驱动点阻抗 $H(j\omega) = $_____。

端口1，驱动点导纳 $H(j\omega) = $_____；端口2，驱动点导纳 $H(j\omega) = $_____。

② 转移函数

转移阻抗：$H(j\omega) = $_____或_____；

转移导纳：$H(j\omega) = $_____或_____；

电流转移函数：$H(j\omega) = $_____或_____；

电压转移函数：$H(j\omega) = $_____或_____。

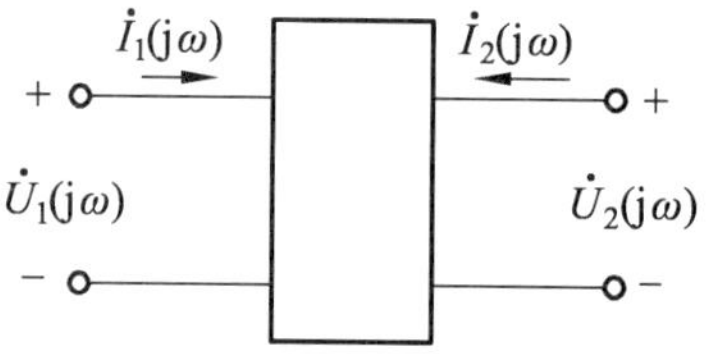

图 10.1　电路图

注意：

① $H(j\omega)$ 与网络的结构、参数值_____，与输入、输出变量的类型以及端口对的相互位置_____，与输入、输出幅值_____。因此网络函数是网络性质的一种体现；

② $H(j\omega)$ 是一个复数，它的频率特性分为两个部分：

a. _____特性：模与频率的关系 $|H(j\omega)| \to \omega$

b. _____特性：幅角与频率的关系 $\phi(j\omega) \to \omega$

③ 网络函数可以用相量法中任一分析求解方法获得。

（4）谐振定义：含有 R、L、C 的一端口电路，外施正弦激励，在特定条件下出现端口电压、电流_____的现象时，称电路发生了_____。

（5）串联谐振的条件

图 10.2 所示电路的输入阻抗为：$Z = $_____。根据谐振定义，当 $\omega L - \dfrac{1}{\omega C} = $_____时电路发生谐振，由此得 R、L、C 串联电路的谐振条件是_____，此时 $Z_0 = $_____。

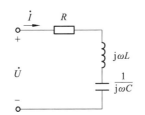

图 10.2　RLC 串联谐振电路

谐振角频率为：$\omega_0 = $ _____，谐振频率为：$f_0 = $ _____。

（6）由串联谐振的条件可得实现串联谐振的方式有：

① LC 不变，改变_____；

② 电源频率不变，改变_____。

（7）电路如图 10.2 所示，RLC 串联电路谐振时的特点：

① 谐振时，电路端口电压 $\dot{U}$ 和端口电流 $\dot{I}$ _____。输入端阻抗 $Z = $ ____，为纯电阻，谐振时阻抗值$|Z|$_____（最大或最小），当 U 一定时，电流 I 和电阻电压 U_R 达到_____（最大或最小），$I_0 = $ _____。

② 谐振时，L、C 上的电压大小_____，相位_____，L、C 的串联总电压为零，也称_____谐振，即 $\dot{U}_L + \dot{U}_C = 0$，$LC$ 相当于_____，电源电压全部加在电阻上，$\dot{U} = $ _____。

谐振时，电感电压和电容电压分别为：$\dot{U}_L = $ _____，$\dot{U}_C = $ _____。$\dot{U}_L = - \dot{U}_C$。

③ 若 R 较小时，储能元件上的电压就很_____，谐振时会出现_____现象。

④ 谐振时的功率，$P = $ _____。

电源向电路输送电阻消耗的功率，电阻功率达_____。

电路吸收的无功功率，即 $Q = UI\sin\phi = Q_L + Q_C = $ _____。

⑤ 谐振时的能量关系：L、C 的电场能量和磁场能量进行周期振荡性的交换，而_____，总能量是不随时间变化的常量，且等于_____。

（8）RLC 串联谐振电路的品质因数 $Q = $ _____ $= $ _____ $= $ _____。Q 值的大小可反映谐振的程度。Q 越大，_____就越大，维持振荡所消耗的能量越_____，振荡程度越_____，则振荡电路的"品质"越_____。

2. 知识点的应用

（1）求图 10.3 所示电路的驱动点导纳 $\dfrac{\dot{I}_1}{\dot{U}_1}$，转移电压比 $\dfrac{\dot{U}_2}{\dot{U}_1}$，转移阻抗 $\dfrac{\dot{U}_1}{\dot{I}_2}$。

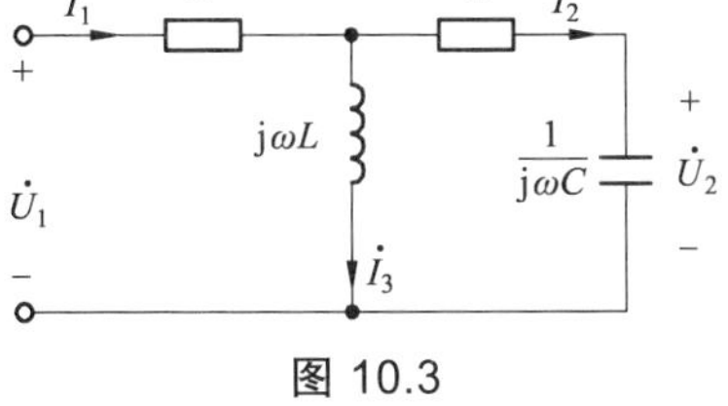

图 10.3

（2）在图 10.4 所示电路中，电源电压 $U = 10$ V，角频率 $\omega = 3\,000$ rad/s。调节电容 C 使电路达到谐振，谐振电流 $I_0 = 100$ mA，谐振电容电压 $U_{CO} = 200$ V。试求 R、L、C 的值及回路的品质因数 Q。

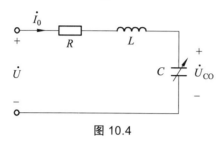

图 10.4

（二）视频：RLC 并联谐振

RLC 并联谐振

1. 视频知识点归纳总结

1）RLC 并联谐振的条件

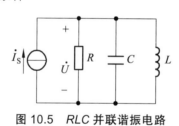

图 10.5 RLC 并联谐振电路

图 10.5 所示的 RLC 并联电路的输入导纳为：$Y = $ _____。电路的谐振条件是_____，此时 $Y_0 = $ _____。

谐振角频率为：$\omega_0 = $ _____，谐振频率为：$f_0 = $ _____。

2）RLC 并联电路谐振时的特点

（1）谐振时电路端口电压 $\dot{U}$ 和端口电流 $\dot{I}$ _____；输入导纳为_____，导纳值 $|Y|$ 最_____，当 I 一定时，端电压达到最_____。

（2）L、C 上的电流大小_____，相位____，L、C 上的并联总电流为_____，也称_____谐振。

（3）当 R 较大时，储能元件上的电流就很_____，谐振时会出现_____现象。

（4）谐振时的功率，$P = $ _____。

电源向电路输送电阻消耗的功率，电阻功率达_____。

电路吸收的无功功率，即 $Q = UI\sin\varphi = Q_L + Q_C = $ _____。

（5）谐振时的能量关系：L、C 的电场能量和磁场能量进行周期振荡性的交换，而＿＿＿＿＿＿＿＿＿＿＿＿＿＿＿＿＿＿＿，总能量是不随时间变化的常量，且等于＿＿＿＿＿＿＿＿。

3）电感线圈与电容谐振

电路如图 10.6 所示。

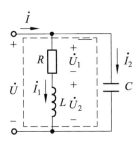

图 10.6　电感线圈与电容的并联谐振电路

电路的输入导纳为 $Y =$＿＿＿＿＿＿＿＿＿。电路的谐振条件是＿＿＿＿＿＿＿，谐振角频率为 $\omega_0 =$＿＿＿＿＿＿。显然，当 $R >$＿＿＿＿＿＿时，电路＿＿＿＿＿＿（会或不会）发生谐振。谐振时的输入导纳 $Y(j\omega_0) =$＿＿＿＿，＿＿＿＿（是或不是）最小值，因此，谐振时的端电压也不是＿＿＿＿（最大或最小）值，这点与 RLC 并联谐振电路不同，切记！

当 $R <<$＿＿＿＿＿＿时，本电路的谐振特点才与 RLC 并联谐振电路的特点相接近。此时，电路的谐振角频率为：$\omega_0 \approx$＿＿＿＿＿＿。

4）品质因数的三个定义

（1）定义 1：品质因数 $Q =$＿＿＿＿＿＿。根据定义，在 RLC 串联谐振电路中，品质因数 $Q =$＿＿＿＿ = ＿＿＿＿ = ＿＿＿＿ = ＿＿＿＿＿＿；在 RLC 并联谐振电路中，品质因数 $Q =$＿＿ = ＿＿ = ＿＿ = ＿＿＿＿。品质因数 Q 越高，说明储能元件上电源信号被放大的倍数越＿＿＿＿。

（2）定义 2：品质因数 $Q =$＿＿＿＿＿＿。根据定义，在 RLC 串联谐振电路中，品质因数 $Q =$＿＿＿＿ = ＿＿＿＿ = ＿＿＿＿ = ＿＿＿＿ = ＿＿＿＿＿＿。在 RLC 并联谐振电路中，品质因数 $Q =$＿＿＿＿ = ＿＿ = ＿＿ = ＿＿ = ＿＿＿＿。品质因数 Q 越大，说明谐振时电路中＿＿＿＿＿＿＿＿越大，或者说明谐振电路在一个周期内消耗的能量就越＿＿＿＿。

（3）定义 3：品质因数 $Q =$＿＿＿＿＿＿ = ＿＿＿＿＿＿ = ＿＿＿＿＿＿。

带宽 $BW =$＿＿＿＿＿＿，或者带宽 $BW =$＿＿＿＿＿＿。

品质因数 Q 越高，电路的带宽越＿＿＿＿，选择性越＿＿＿＿。

2. 知识点的应用

（1）如图 10.5 所示的 RLC 并联电路中，已知当 $I_S = 10$ mA，$R = 5$ kΩ，$L = 2$ H，

$C = 200\ \mu F$ 时，端电压 $U = 50\ V$。求正弦电流源 i_s 的频率 ω 和电流 I_L、I_C，以及电路的 Q 值。

（2）已知谐振电路如图 10.7 所示。电路发生谐振时 RL 支路电流等于 15 A，电路总电流为 9 A，试用相量法求出电容支路电流 I_C。

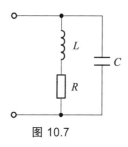

图 10.7

（3）已知串联谐振电路的谐振频率 $f_0 = 700\ kHz$，电容 $C = 2\,000\ pF$，通频带宽度 $BW = 10\ kHz$，试求电路电阻及品质因数。

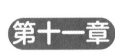

第十一章　三相电路

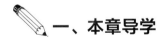一、本章导学

1. 知识框图

$$
\text{三相电路}
\begin{cases}
\text{三相电源}
\begin{cases}
\text{产生}
\begin{cases}
\text{对称三相电压（电流）}\\
\text{相序}
\end{cases}\\
\text{连结}
\begin{cases}
\text{星形（Y）}\\
\text{三角形（△）}
\end{cases}
\end{cases}\\
\text{三相负载连结}
\begin{cases}
\text{星形（Y）}\\
\text{三角形（△）}
\end{cases}\\
\text{三相电路}
\begin{cases}
\text{对称三相电路}
\begin{cases}
\text{概念}\\
\text{电压（电流）的相值与线值间的关系}\\
\text{电路分析计算}\\
\text{功率计算和测量}
\end{cases}\\
\text{不对称三相电路}
\end{cases}
\end{cases}
$$

2. 学习目标

（1）掌握三相对称电路线相电压电流的关系。
（2）掌握对称三相电路的分析计算。
（3）掌握三相电路功率计算和测量。

3. 重、难点

重点：三相对称电路线相电压电流的关系，对称三相电路的分析计算，三相电路功率计算和测量。

难点：三相对称电路线相电压电流的关系，三相电路功率计算和测量。

4. 本章考点

（1）三相对称电路线、相电压（电流）的关系。
（2）对称三相电路的分析计算。
（3）三相电路功率计算和测量。

二、知识点的总结与应用

（一）视频：三相电路，线电压（电流）与相电压 （电流）的关系

三相电路，线电压 （电流）与相电压 （电流）的关系

1. 视频知识点归纳总结

（1）对称三相电源通常由_____产生，三相绕组在空间_____，当转子以均匀角速度 ω 转动时，在三相绕组中产生感应电压，从而形成_____。

（2）三相发电机在定子上每隔_____布置了一对线圈，如 AX、BY、CZ，A、B、C 称为_____，X、Y、Z 称为_____。

（3）对称三相电源是由 3 个_____、_____、_____的单相电压源组成。

（4）对称三相电源的波形如图 11.1 所示，写出对称三相电源的时域形式和相量形式，并在图 11.2 中画出相量图。

时域形式

_____

_____

_____

图 11.1

相量形式

_____

_____

_____

图 11.2　相量图

结论：由对称三相电源的相量图，我们可以得出对称三相电源的特点：
_____或 $u_A + u_B + u_C = 0$

（5）对称三相电源有_____和_____两种连接方式。如图 11.3 所示电路中，_____、_____为星形连接，_____、_____为三角形连接。

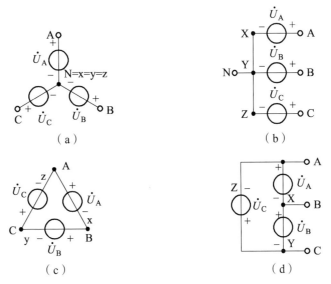

图 11.3

总结：星形连接是指_____。

　　　　三角形连接是指_____。

（6）名词解释：

① 端线（火线）_____；

② 中线_____；

③ 三相四线制_____；

④ 三相三相制_____；

⑤ 线电流_____；

⑥ 线电压_____；

⑦ 相电流_____；

⑧ 相电压_____。

　　在图 11.4（a）（b）中分别画出三相对称电源的 Y 形连接和△形连接，并在图上标出线电流、线电压、相电流、相电压。

（a）Y 形连接　　　　　　　　　　　　（b）△形连接

图 11.4

　　（7）三相对称电路是指把_____和_____连接起来构成的电路。

（8）三相对称负载是指三个负载相同，即负载的阻抗____相等，阻抗____相等。

（9）三相对称负载有_____和_____两种连接方式。

（10）三相对称负载的 Y 形连接如图 11.5 所示，试标出相电流、线电流、相电压、线电压，并在图 11.6 中画出相电压和线电压的相量图，写出所对应的相电压和线电压的相量表达式。

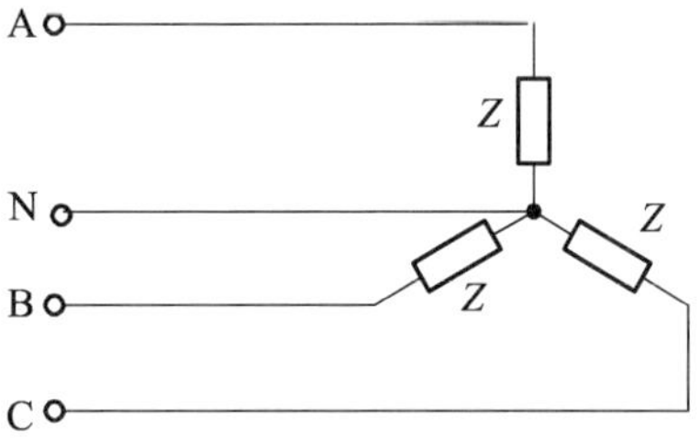

图 11.5   图 11.6　相量图

相电压：   线电压：

设 $\dot{U}_{AN} = U\angle 0°\text{V}$ $\dot{U}_{AB} = $ _____

$\dot{U}_{BN} = $ _____ $\dot{U}_{BC} = $ _____

$\dot{U}_{CN} = $ _____ $\dot{U}_{CA} = $ _____

由此可得出这样的结论：

三相对称负载 Y 形连接时，

① 相电流_____线电流，即：I_p_____I_l；

② 相电压对称，则线电压也_____；

③ 线电压等于相电压的_____倍，即 $U_l = $ _____U_p；

④ 线电压_____相电压_____度。

（11）三相对称负载的△形连接如图 11.7 所示，试标出相电流、线电流、相电压、线电压，并在图 11.8 中画出相电流和线电流的相量图，写出所对应的相电流、线电流的相量表达式。

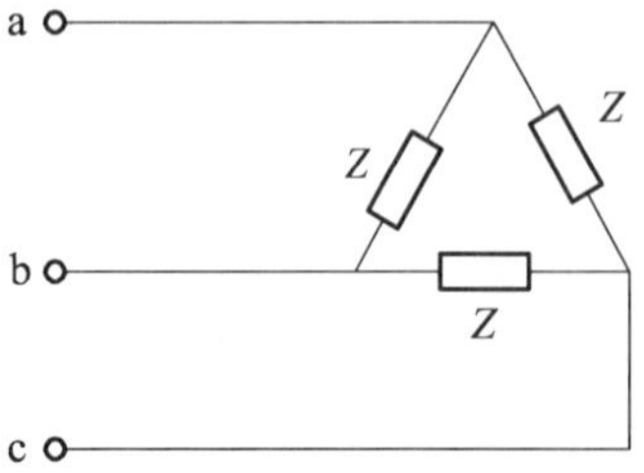

图 11.7   图 11.8　相量图

相电流：   线电流：

设 $\dot{I}_{ab} = I\angle 0°\text{V}$ $\dot{I}_a = $ _____

$\dot{I}_{bc} = $ _____ $\dot{I}_b = $ _____

$\dot{I}_{ca} = $ _____ $\dot{I}_c = $ _____

由此可得出这样的**结论**：

三相对称负载△形连接时，

① 相电压_____线电压，即：U_p_____U_l；

② 相电流对称，则线电流也_____；

③ 线电流等于相电压的_____倍，即 I_l = _____I_p；

④ 线电流_____相电流_____度。

2. 知识点的应用

（1）三相对称电源如图 11.9 所示，若每相的相电压的有效值为 U，则 U_{AC} = _____U。写出求解过程。

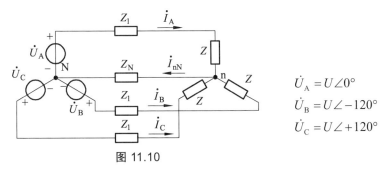

图 11.9

（2）Y 形连接的对称三相负载，如图 11.5 所示，若电源相电压 $\dot{U}_A = 100\angle 0° \text{V}$，则 $\dot{U}_{BA}$ = _____，

$\dot{U}_{BC}$ = _____，$\dot{U}_{CA}$ = _____。

（3）△形连接的对称三相负载，如图 11.7 所示，若电源相电压 $\dot{U}_A = 100\angle 0° \text{V}$，$Z = 100\angle 30° \Omega$，则

$\dot{I}_{ab}$ = _____，$\dot{I}_{bc}$ = _____，$\dot{I}_{ca}$ = _____，

$\dot{I}_a$ = _____，$\dot{I}_b$ = _____，$\dot{I}_c$ = _____。

（二）视频：对称三相电路的计算

对称三相电路的
计算

1. 视频知识点归纳总结

（1）对称三相电路如图 11.10 所示，选 N 为参考节点，对 n 点列写节点电压方程，并求 $\dot{U}_{nN}$。

图 11.10

$\dot{U}_A = U\angle 0°$

$\dot{U}_B = U\angle -120°$

$\dot{U}_C = U\angle +120°$

节点电压方程：

（2）根据节点电压方程，由于电源对称，故 $\dot{U}_A + \dot{U}_B + \dot{U}_C =$ _____。

① $\dot{U}_{nN} =$ _____，$\dot{I}_{nN} =$ _____，所以在 n 和 N 之间可以用一条_____将二者连接起来，忽略中线上的_____作用。

② 经过第①步的等效变换后，可以分别把 A 相电路、B 相电路和 C 相电路进行_____处理，也就是说，虽然是一个三相电路，但它可以拆成三个_____电路之和，在图 11.11（a）（b）（c）中画出三个单相电路的电路图，并写出 $\dot{I}_A$、$\dot{I}_B$、$\dot{I}_C$ 的表达式。

（a）A 相电路　　　　（b）B 相电路　　　　（c）C 相电路

图 11.11

$\dot{I}_A =$ _____　　　$\dot{I}_B =$ _____　　　$\dot{I}_C =$ _____

③ 根据前面的求解，我们发现：由于在这个三相电路中，负载的阻抗值完全是一样的，电源的电压值相互之间是对称的，也就是说，幅值_____，角频率_____，相角互差_____度，所以，我们只需求解 A 相电路，其他两相根据_____得到，即对称三相电路可以抽_____计算。

（3）总结对称三相电路的一般计算方法：

① 将所有三相电源、负载都化为_____连接电路；

② 连接各负载和电源中点，不计中线_____；

③ 根据负载的串并联关系，画出 A 相等效电路，求出 A 相负载的电压、电流：

④ 根据 △ 接、Y 接时线量（U_l、I_l）、相量（U_p、I_p）之间的关系，求出原电路的电流电压。

⑤ 由_____，得出其他两相的电压、电流。

2. 知识点的应用

（1）对称三相电路如图 11.12 所示，若 $\dot{U}_A = 220\angle 0° \text{V}$，则 $\dot{U}_{nN} =$ _____，

$\dot{I}_A = \dfrac{\dot{U}_A}{Z} = I\angle\alpha \text{ A}$，根据对称性，则 $\dot{I}_B =$ _____，$\dot{I}_C =$ _____。

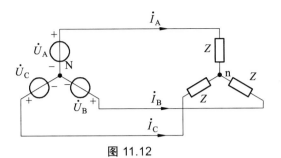

图 11.12   图 11.13

（2）电路如图 11.12 所示，已知 $U_1 = 380$ V ， $Z = 100\angle30°\ \Omega$ ，求线电流。

① 在图 11.13 画出 A 相电路。

② 设 $\dot{U}_{AB} = 380\angle30°$ V ，则 $\dot{U}_A =$ _____

$\dot{I}_A =$ _____ = _____ = _____

根据对称性， $\dot{I}_B =$ _____ ， $\dot{I}_C =$ _____

（3）电路如图 11.14 所示，已知 $U_1 = 380$ V ， $Z = 100\angle30°\ \Omega$ ，求线电流。

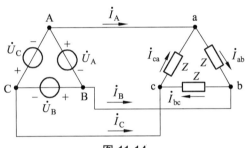

图 11.14

方法一： △-△ 连接，抽单相计算。

① 由于不考虑端线阻抗，故负载相（线）电压_____电源相（线）电压，在图 11.15 中画单相电路图。

图 11.15

② 设 $\dot{U}_{AB} = 380\angle0°$ V

$\dot{I}_{ab} =$ _____ （写表达式）

　　 $=$ _____ （带入参数）

　　 $=$ _____ （运算结果）

$\dot{I}_A =$ _____ （原理： _____ ）

根据对称性， $\dot{I}_B =$ _____ ； $\dot{I}_C =$ _____

方法二：把 △-△ 连接转换成 Y-Y 连接，请在图 11.16（a）中画出。再抽单相计算。

（1）在图 11.16（b）画单相电路图。

（2）设 $\dot{U}_{AB} = 380\angle 0°\,\text{V}$ ，则 $\dot{U}_A = $ _____

$\dot{I}_A = $ _____

根据对称性， $\dot{I}_B = $ _____ $\dot{I}_C = $ _____

（a）Y-Y   （b）单相电路图

图 11.16

（三）视频：三相电路的功率

三相电路的功率

1. 视频知识点归纳总结

（1）对称三相负载如图 11.17 所示，若 $Z = |Z|\angle\varphi$ ，则三相电路的有功功率 $P = $ _____（用相电压相电流表示）= _____（用线电压线电流表示）；无功功率 $Q = $ _____ = _____ ；视在功率 $S = $ _____ = _____ = _____ ，其中的 φ 为阻抗角，即_____与_____的相位差。

总结：对称三相负载总功率可以看成_____之和。

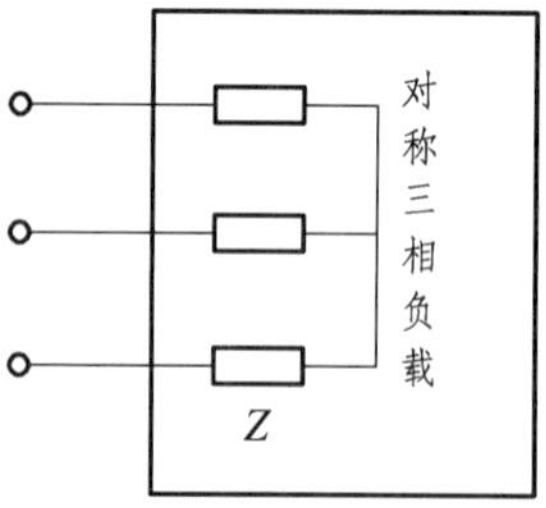

图 11.17

（2）有功功率测量的方法：三相负载不一定是对称负载，故用_____只功率表进行测量；三相三线制中用两个功率表测量三相功率称为_____法。试在图 11.18 中分别画出三相四线制和三相三相制测量有功功率的功率表的接线图。

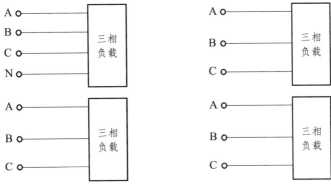

图 11.18

（3）对称三相电路的的瞬时功率 $p = p_A + p_B + p_C =$ ＿＿＿＿＿＿ ＝ ＿＿＿＿＿，即三相电路的瞬时功率是一个＿＿＿＿＿，其值等于＿＿＿＿＿。

2. 知识点的应用

（1）电路如图 11.19 所示，已知 $\dot{U}_A = 200\angle 30°\text{V}$ ，则 $\dot{I}_A =$ ＿＿＿＿ ＝ ＿＿＿＿

$P =$ ＿＿＿＿＿＿ ＝ ＿＿＿＿＿＿ ＝ ＿＿＿＿＿＿

$Q =$ ＿＿＿＿＿＿ ＝ ＿＿＿＿＿＿ ＝ ＿＿＿＿＿＿

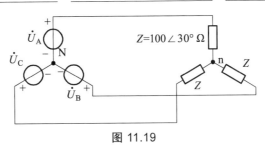

图 11.19

（2）电路如图 11.20 所示，已知 $\dot{U}_A = 200\angle 30°\text{V}$ ，计算功率表的读数。若用二瓦计法测三相功率，请在图上画出另一只功率表的接法。

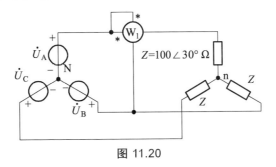

图 11.20

解：$P = U_{AB}I_A\cos\varphi$ ，φ 为＿＿＿＿＿＿的相位差。

$\dot{U}_A = 200\angle 30°\text{V}$ ，则 $\dot{U}_{AB} =$ ＿＿＿＿＿＿ V，$\dot{I}_A =$ ＿＿＿ ＝ ＿＿＿＿A，

$\varphi =$ ＿＿＿＿＿，代入 P 的计算公式，得 $P =$ ＿＿＿＿＿W。

第十二章　非正弦周期电流电路和信号的频谱

一、本章导学

1. 知识框图

$$
\text{非正弦周期电流电路}\\\text{和信号的频谱}
\begin{cases}
\text{非正弦周期信号}
\begin{cases}
\text{傅里叶级数和信号的频谱}\\
\text{有效值和平均值}
\end{cases}\\
\text{非正弦周期信号电路}
\begin{cases}
\text{电路的分析计算方法：谐波分析法}\\
\text{平均功率}
\end{cases}
\end{cases}
$$

2. 学习目标

（1）了解非正弦周期函数展开成傅里叶级数，理解非正弦周期信号的特点、傅里叶级数的三角形式。

（2）掌握非正弦周期量有效值、平均值和平均功率的定义和计算方法，以及非正弦周期电流电路的分析方法。

3. 重、难点

重点：非正弦周期信号的特点，傅里叶级数的三角形式，谐波的概念；非正弦周期量有效值、平均值和平均功率的定义和计算方法；谐波分析法分析非正弦周期电流电路。

难点：非正弦周期信号的特点；谐波分析法分析非正弦周期电流电路。

4. 本章考点

（1）非正弦周期量有效值、平均值和平均功率的定义和计算方法。

（2）谐波分析法分析非正弦周期电流电路。

二、知识点的总结与应用

（一）视频：非正弦周期信号及其分解，有效值、平均值和平均功率

非正弦周期信号
及其分解，有效
值、平均值和
平均功率

1. 视频知识点归纳总结

（1）非正弦周期信号的特点有：① ＿＿＿＿＿＿＿＿＿；② ＿＿＿＿＿＿＿＿＿。

（2）非正弦周期信号 $f(t)$ 分解成傅里叶级数形式为：

$f(t) = \underline{\hspace{8cm}}$ ，也可表示为：

$f(t) = A_0 + \sum\limits_{k=1}^{\infty} A_{km}\cos(k\omega_1 t + \varphi_k)$ 。以上两种表示式中系数之间关系为：

$A_0 = \underline{\hspace{2cm}}$ ， $A_{km} = \underline{\hspace{2cm}}$ ； $a_k = \underline{\hspace{2cm}}$ ， $b_k = \underline{\hspace{2cm}}$ ， $\varphi_k = \underline{\hspace{2cm}}$ 。

（3）利用函数的对称性可以简化系数的确定过程。

① 偶函数。 $f(t) = \underline{\hspace{4cm}}$

$f(t) = a_0 + \sum\limits_{k=1}^{\infty} [a_k\cos k\omega_1 t + b_k\sin k\omega_1 t]$ ， $f(-t) = \underline{\hspace{5cm}}$ ，

上两式相等，得出 $\underline{\hspace{2cm}} = 0$ 。

② 奇函数。 $f(-t) = \underline{\hspace{4cm}}$

$-f(t) = \underline{\hspace{5cm}}$ ，故可得出 $\underline{\hspace{2cm}} = 0$ 。

③ 奇谐波函数。 $f(t) = \underline{\hspace{3cm}}$

不含 $\underline{\hspace{2cm}}$ 次谐波分量，可得出 $\underline{\hspace{2cm}} = 0$ 。

（4）周期函数的频谱。 $\underline{\hspace{4cm}}$ 的图形，称为幅度频谱。 $\underline{\hspace{4cm}}$ 的图形，称为相位频谱。

（5）设非正弦周期电流可以分解为傅里叶级数：

设 $i(t) = I_0 + \sum\limits_{k=1}^{\infty} I_{km}\cos(k\omega t + \varphi_k)$ ，则 i 的有效值 $I = \underline{\hspace{4cm}}$ 。

结论：非正弦周期量的有效值为 $\underline{\hspace{7cm}}$ 的方根。

（6）非正弦周期函数的平均值的定义为： $I_{av} = \underline{\hspace{4cm}}$ ，正弦量的平均值为： $I_{av} = \underline{\hspace{2cm}}$ 。

（7）平均功率的定义式为： $P = \underline{\hspace{3cm}}$ ，非正弦周期函数的平均功率 $P = \underline{\hspace{4cm}} = P_0 + P_1 + P_2 + \cdots$ ， P_0 为 $\underline{\hspace{3cm}}$ ， $P_k(k = 1, 2, 3, \cdots)$ 为 $\underline{\hspace{4cm}}$ 。

2. 知识点的应用

（1）有一非正弦周期电流的表达式为 $i(t) = 2 + 2\sqrt{2}\cos\omega t - 2\sqrt{2}\cos(3\omega t - 30°)$ （A），则它的有效值为 $\underline{\hspace{2cm}}$ A。

（2）已知某网络的电压和电流分别为 $u(t) = 2 + 2\cos(t + 45°)$ （V）， $i(t) = 5 + 10\cos t$ （A），其电路的平均功率为 $\underline{\hspace{2cm}}$ W。

（二）视频：非正弦周期电流电路的计算

非正弦周期电流
电路的计算

1. 视频知识点归纳总结

非正弦电流电路一般步骤：

（1）利用傅里叶级数，将非正弦周期函数展开成若干项 $\underline{\hspace{4cm}}$ 。

（2）对各次谐波信号分别应用_____进行分析计算。

① 直流分量作用时，C 相当于_____、L 相当于_____。

② 在各次谐波频率单独作用下的 _____不同。

（3）将以上计算结果转换为_____。

（4）对_____进行叠加。

注意：将表示_____是没有意义的。

2. 知识点的应用

如图 12.1 所示电路为方波信号激励的电路，方波信号如图 12.2 所示。求 u。已知：$R = 20\ \Omega$，$L = 1\ \text{mH}$，$C = 1\ 000\ \text{pF}$，$I_m = 157\ \mu\text{A}$，$T = 6.28\ \mu\text{s}$。

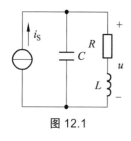

图 12.1

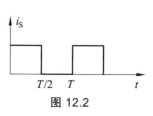

图 12.2

解：（1）已知方波信号的展开式为：$i_S = $ _____

代入已知数据：电流幅值 $I_m = $ _____A，周期 $T = $ _____s

直流电流分量：$I_0 = \dfrac{I_m}{2} = $ _____

基波最大值：$I_{1m} = \dfrac{2I_m}{\pi} = $ _____

三次谐波最大值：$I_{3m} = \dfrac{1}{3}I_{1m} = $ _____

五次谐波最大值：$I_{5m} = \dfrac{1}{5}I_{1m} = $ _____

基波角频率 $\omega = \dfrac{2\pi}{T} = $ _____

因此，可得电流源各频率的谐波分量为：$I_{S0} = $ _____，

$i_{S1} = $ _____，$i_{S3} = $ _____，

$i_{S5} = $ _____

（2）对各种频率的谐波分量单独计算。

① 直流分量 I_{S0} 单独作用，在图 12.3 中画出直流分量单独作用的分电路图：电容_____，电感_____。

图 12.3 I_{S0} 单独作用

② 基波作用，在图 12.4 中画出 $\dot{I}_{S1}$ 单独作用的分电路图（相量模型）。

图 12.4　$\dot{I}_{S1}$ **单独作用**

③ 三次谐波作用，在图 12.5 中画出 $\dot{I}_{S3}$ 单独作用的分电路图（相量模型）。

图 12.5　$\dot{I}_{S3}$ **单独作用**

④ 五次谐波作用，在图 12.6 中画出 $\dot{I}_{S5}$ 作用的分电路图（相量模型）。

图 12.6　$\dot{I}_{S5}$ **单独作用**

（3）各谐波分量计算结果化成正弦量，并叠加得到 $u = $ _____

第十三章 线性动态电路的复频域分析

一、本章导学

1. 知识框图

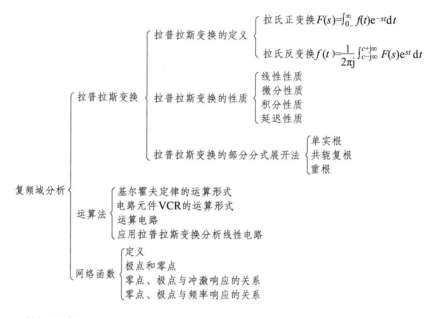

2. 学习目标

（1）了解拉普拉斯变换的定义和性质，掌握拉普拉斯变换的部分分式展开法。

（2）掌握电路定律和电路元件的运算形式，掌握线性电路的复频域模型，会用拉普拉斯变换分析线性动态电路。

（3）掌握网络函数的定义，了解网络函数的极点、零点及与冲激响应的关系。

3. 重、难点

重点：拉普拉斯变换的部分分式展开法，运算电路，运算法。

难点：运算法，网络函数的理解与应用。

4. 本章考点

（1）运算法。

（2）给定网络函数，求暂态响应。

（3）给定具体电路，求网络函数及网络函数的零、极点并判断响应的性质。

二、知识点的总结与应用

拉普拉斯变换的
定义、性质

（一）视频：拉普拉斯变换的定义、性质

1. 视频知识点归纳总结

1）拉普拉斯变换法

拉普拉斯变换法是一种_____变换，其核心是把_____函数 $f(t)$ 与_____函数 $F(s)$ 联系起来，把_____域问题通过数学变换为_____域问题，把时间域的_____方程变换为复频域的_____方程，在求出待求的复变函数后，再作相反的变换得到待求的时间函数。由于解复变函数的代数方程比解时域微分方程较有规律且有效，所以拉普拉斯变换在线性电路分析中得到广泛应用。

2）拉普拉斯变换的定义

一个定义在_____区间的函数 $f(t)$，它的拉普拉斯变换式 $F(s)$ 定义为_____，式中 $s =$_____为复数，被称为复频率；$F(s)$ 为 $f(t)$ 的_____，$f(t)$ 为 $F(s)$ 的_____。

由 $F(s)$ 到 $f(t)$ 的变换称为_____，它定义为_____，式中 c 为_____。

注意：（1）定义中拉氏变换的积分从 $t =$_____开始，即

$$F(s) = \int_{0_-}^{+\infty} f(t)\,\mathrm{e}^{-st}\mathrm{d}t = \int_{0_-}^{0_+} f(t)\,\mathrm{e}^{-st}\mathrm{d}t + \int_{0_+}^{+\infty} f(t)\,\mathrm{e}^{-st}\mathrm{d}t$$

它计及 $t = 0_-$ 至 0_+，$f(t)$ 包含的冲激和电路动态变量的初始值，从而为电路的计算带来方便。

（2）象函数 $F(s)$ 一般用大写字母表示，如电流象函数_____，电压象函数_____，原函数 $f(t)$ 用小写字母表示，如 $i(t)$，$u(t)$。

（3）象函数 $F(s)$ 存在的条件：_____

3）线性性质

若 $\mathscr{L}[f_1(t)] = F_1(s)$，$\mathscr{L}[f_2(t)] = F_2(s)$

则 $\mathscr{L}[A_1 f_1(t) + A_2 f_2(t)] = A_1\mathscr{L}[f_1(t)] + A_2\mathscr{L}[f_2(t)] = $_____

4）微分性质

若：$\mathscr{L}[f(t)] = F(s)$，则：$\mathscr{L}\left[\dfrac{\mathrm{d}f(t)}{\mathrm{d}t}\right] = $_____

5）积分性质

若：$\mathscr{L}[f(t)] = F(s)$，则：$\mathscr{L}[\int_{0_-}^{t} f(\xi)\mathrm{d}\xi] = $_____

6）时域延迟性质

若：$\mathscr{L}[f(t)] = F(s)$，$\mathscr{L}[f(t-t_0)\varepsilon(t-t_0)] = $_____

7）频域平移性质

设：$\mathscr{L}[f(t)] = F(s)$，则：$F(s+\alpha) = $ _____

总结：常用函数的拉普拉斯变换公式（需熟记）。

原函数 $f(t)$	象函数 $F(s)$	原函数 $f(t)$	象函数 $F(s)$
$A\delta(t)$		$e^{-at}\sin\omega t$	
$A\varepsilon(t) = A$		$e^{-at}\cos\omega t$	
Ae^{-at}		t^2	
$\sin\omega t$		t	
$\cos\omega t$		te^{-at}	

2. 知识点的应用

1）单位阶跃函数的象函数

$f(t) = \varepsilon(t)$

$F(s) = \mathscr{L}[\varepsilon(t)] = $ _____ $= $ _____ $= $ _____ $= $ _____

注：当 $t \geq 0_-$，$\varepsilon(t) = $ _____，$F(s) = \mathscr{L}[\varepsilon(t)] = \mathscr{L}[1] = $ _____

2）单位冲激函数的象函数

$f(t) = \delta(t)$

$F(s) = \mathscr{L}[\delta(t)] = $ _____ $= $ _____ $= $ _____ $= $ _____

3）指数函数的象函数

$f(t) = e^{-at}$

$F(s) = \mathscr{L}[e^{-at}] = $ _____ $= $ _____ $= $ _____

4）线性性质的应用

（1）求：$f(t) = K(1 - e^{-at})$ 的象函数。

解：$F(s) = \mathscr{L}[K] - \mathscr{L}[Ke^{-at}] = $ _____ $= $ _____

（2）求：$f(t) = \sin(\omega t)$ 的象函数。

解：$F(s) = \mathscr{L}[\sin(\omega t)] = \mathscr{L}\left[\dfrac{1}{2j}(e^{j\omega t} - e^{-j\omega t})\right] = $ _____

$= $ _____

5）微分性质的应用

（1）求：$f(t) = \cos(\omega t)$ 的象函数。

解：$\dfrac{d\sin(\omega t)}{dt} = \omega\cos(\omega t)$ $\cos(\omega t) = $ _____

$\mathscr{L}[\cos\omega t] = \mathscr{L}\left[\dfrac{1}{\omega}\dfrac{d}{dt}\sin(\omega t)\right] = $ _____ $= $ _____

（2）求：$f(t) = \delta(t)$ 的象函数。

解：$\delta(t) = \dfrac{d\varepsilon(t)}{dt}$，$\mathscr{L}[\varepsilon(t)] = $ _____

$$\mathscr{L}[\delta(t)] = \mathscr{L}\left[\frac{\mathrm{d}\varepsilon(t)}{\mathrm{d}t}\right] = \underline{\hspace{4cm}} = \underline{\hspace{2cm}}$$

6）积分性质的应用

求：$f(t) = t\varepsilon(t)$ 和 $f(t) = t^2\varepsilon(t)$ 的象函数。

解：$\mathscr{L}[t\varepsilon(t)] = \mathscr{L}\left[\int_{0_-}^{t}\varepsilon(t)\mathrm{d}t\right] = \underline{\hspace{4cm}} = \underline{\hspace{2cm}}$

$\mathscr{L}[t^2\varepsilon(t)] - \underline{\hspace{4cm}} = \underline{\hspace{2cm}}$

7）时域延迟性质的应用

求图 13.1 所示矩形脉冲的象函数。

解：用阶跃及延迟函数表示矩形脉冲为：

$f(t) = \underline{\hspace{3cm}}$

根据延迟性质，可得 $F(s) = \underline{\hspace{4cm}}$

图 13.1

8）频域平移性质的应用

（1）求：$\mathrm{e}^{-\alpha t}\sin\omega t$ 的象函数。

因 $F_1(s) = \mathscr{L}[\sin\omega t] = \underline{\hspace{2cm}}$，则 $\mathscr{L}[\mathrm{e}^{-\alpha t}\sin\omega t] = \underline{\hspace{2cm}} = \underline{\hspace{2cm}}$

（2）求：$\mathrm{e}^{-\alpha t}\cos\omega t$ 的象函数。

因 $F_2(s) = \mathscr{L}[\cos\omega t] = \underline{\hspace{2cm}}$，则 $\mathscr{L}[\mathrm{e}^{-\alpha t}\cos\omega t] = \underline{\hspace{2cm}} = \underline{\hspace{2cm}}$

9）求下列各函数的象函数

（1）$f(t) = \sin(\omega t + \varphi)$。

（2）$f(t) = (2t^3 - 4t + 1)\varepsilon(t)$。

（3）$f(t) = 4\mathrm{e}^{-4t} - 16\mathrm{e}^{-t} + 40$。

（二）视频：拉普拉斯反变换的部分分式展开（1）

拉普拉斯反变换的
部分分式展开（1）

1. 视频知识点归纳总结

（1）总体思路：用部分分式法求拉氏反变换，即将 $F(s)$ 展开成部分分式，成为可在拉氏变换表中查到的 s 的简单函数，然后通过反查拉氏变换表求取原函数 $f(t)$。

（2）设象函数的一般形式为：

$$F(s) = \frac{\mathrm{N}(s)}{\mathrm{D}(s)} = \frac{a_0 s^m + a_1 s^{m-1} + \cdots + a_m}{b_0 s^n + b_1 s^{n-1} + \cdots + b_n} \quad (n \geqslant m)$$

设 $F(s)$ 为真分式（$n > m$）。下面讨论 $D(s) = 0$ 的根的情况。

① 若 $D(s) = 0$ 有 n 个不同的单根 $p_1, p_2, \cdots, p_n$。利用部分分式可将 $F(s)$ 分解为：

$$F(s) = \frac{N(s)}{(s-p_1)(s-p_2)\cdots(s-p_n)} = \underline{\hspace{3cm}}$$

待定常数 K_i 的确定方法：

方法一：按 $K_i = \underline{\hspace{3cm}}$, $i = 1, 2, 3, \cdots, n$ 来确定。

方法二：用求极限方法确定 K_i 的值

$$K_i = \lim_{s \to p_i} \frac{N(s)}{D(s)}(s - p_i) = \underline{\hspace{2.5cm}} = \underline{\hspace{2.5cm}}$$

得原函数的一般形式为：

$$f(t) = K_1 e^{p_1 t} + K_2 e^{p_2 t} + \cdots + K_n e^{p_n t}$$

② 若 $D(s) = 0$ 有共轭复根 $p_1 = \alpha + j\omega$ 和 $p_1 = \alpha - j\omega$，可将 $F(s)$ 分解为：

$$F(s) = \frac{N(s)}{D(s)} = \frac{N(s)}{[s-(\alpha+j\omega)][s-(\alpha-j\omega)]} = \underline{\hspace{2.5cm}}$$

则 $K_1 = \underline{\hspace{3cm}}$, $K_2 = \underline{\hspace{3cm}}$

因为 $F(s)$ 为实系数多项式之比，故 K_1 和 K_2 为 $\underline{\hspace{1.5cm}}$。设 $K_1 = |K| e^{j\theta}$, $K_2 = |K| e^{-j\theta}$。则

$$f(t) = L^{-1}\left[\frac{|K| e^{j\theta}}{s-\alpha-j\omega} + \frac{|K| e^{-j\theta}}{s-\alpha+j\omega}\right] = \underline{\hspace{3cm}}$$

$$= \underline{\hspace{4cm}} = 2|K| e^{\alpha t} \cos(\omega t + \theta)$$

注意：在应用上式时，要注意 K_1 与分母项 $\underline{\hspace{3cm}}$ 对应，K_2 与分母项 $\underline{\hspace{2.5cm}}$ 对应。

2. 知识点的应用

1）求下列函数的原函数

（1）$F(s) = \dfrac{-s^2 - s + 5}{s(s^2 + 3s + 2)}$

（2）$F(s) = \dfrac{4s+5}{s^2+5s+6}$

2）求下列函数的原函数

$$F(s) = \dfrac{s}{s^2+2s+2}$$

解：$D(s) = s^2+2s+2 = 0$，求得 $p_{1,2} = $ _____，则 $\alpha = $ _____，$\omega = $ _____。

$F(s)$ 可分解为 $F(s) = \dfrac{s}{s^2+2s+2} = $ _____

计算待定系数 $K_1 = [s-p_1]F(s)\big|_{s=p_1} = $ _____ $= $ _____

则 $|K| = $ _____，$\theta = $ _____。原函数的公式为 $f(t) = $ _____，则

求得题中函数的原函数表达式为 $f(t) = $ _____。

（三）视频：拉普拉斯反变换的部分分式展开（2）

拉普拉斯反变换的
部分分式展开（2）

1. 视频知识点归纳总结

（1）若 D（s）= 0 有共轭复根，利用公式_____和_____，

将象函数拼凑成上述公式的形式，直接套用公式即可。此方法避免了繁杂的复数

运算。

（2）D（s）= 0 具有重根时，即

$$F(s) = \frac{N(s)}{D(s)} = \frac{N(s)}{(s-p_1)^q} = \frac{K_{1q}}{s-p_1} + \frac{K_{1(q-1)}}{(s-p_1)^2} + \cdots + \frac{K_{12}}{(s-p_1)^{q-1}} + \frac{K_{11}}{(s-p_1)^q}$$

则待定系数为：$K_{11} = $ _____

$K_{12} = $ _____ $\cdots K_{1q} = $ _____

原函数 $f(t) = $ _____

2. 知识点的应用

（1）利用本讲方法求下列函数的原函数。

$$F(s) = \dfrac{s}{s^2+2s+2}$$

解：$F(s) = \dfrac{s}{(s+1)^2 + 1^2}$，与公式 $\mathscr{L}[e^{-\alpha t}\sin \omega t] = \dfrac{\omega}{(s+\alpha)^2 + \omega^2}$ 和 $\mathscr{L}[e^{-\alpha t}\cos \omega t] =$

$\dfrac{s+\alpha}{(s+\alpha)^2 + \omega^2}$ 相比，$F（s）$ 拼凑成 $F（s）=$ _____

按公式，得原函数 $f（t）=$ _____

也可以换算成余弦函数表示 $f（t）=$ _____

（2）求下列函数的原函数。

$$F(s) = \frac{s^2 + 2s + 2}{(s+2)^3}$$

解：将 $F（s）$ 分解成 $F(s) = \dfrac{K_1}{s+2} + \dfrac{K_2}{(s+2)^2} + \dfrac{K_3}{(s+2)^3}$

计算各系数：$K_3 = (s+2)^3 F(s)\big|_{s=-2} =$ _____ $=$ _____

$K_2 = \dfrac{\mathrm{d}}{\mathrm{d}s}[(s+2)^3 F(s)]\big|_{s=-2} =$ _____ $=$ _____

$K_1 =$ _____ $=$ _____ $=$ _____

故 $F（s）$ 的分解式为：$F（s）=$ _____

查拉普拉斯变换表，可得原函数为：$f（t）=$ _____

（四）视频：运算电路

1．视频知识点归纳总结

运算电路

1）电路定律的形式

基尔霍夫定律的时域表示：KCL _____，KVL _____

基尔霍夫定律的相量形式表示：KCL _____，KVL _____

基尔霍夫定律的运算形式表示：KCL _____，KVL _____

2）电路元件的电路模型

请在表 13.1 中画出各元件的电路模型，并写出该模型的伏安关系（运算模型为非零初始条件，且为串联模型）。

表 13.1　电路元件模型

元件	时域模型及伏安关系	相量模型及伏安关系	运算模型及伏安关系
电阻 R			
电容 C			
电感 L			
耦合电感			

2. 知识点的应用

如图 13.2 所示电路中，已知电路原已达稳态，电容初始储能为零。$t=0$ 时把开关 S 合上。

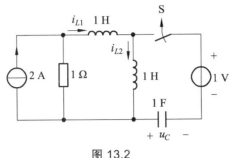

图 13.2

图 13.3 $t=0_-$ 电路

解：（1）在图 13.3 中画出 $t=0_-$ 的等效电路：开关 S _____（断开或闭合），电感 _____，电容 _____（开路或短路）。请画在相应位置。

计算储能元件的初始条件：

$i_{L1}(0_-)=$ _____ A，$i_{L2}(0_-)=$ _____ A，$u_C(0_-)=$ _____ V。

（2）根据储能元件的初始条件，在图 13.4 中画出电路的运算模型（注意附加电源的参数及方向）。此外，还应注意：运算模型中所有电压和电流（包括电源参数）均以其 _____ 表示。（电源参数取其象函数，切记！）

图 13.4 运算模型

（五）视频：应用拉普拉斯变换法分析线性电路

1. 视频知识点归纳总结

运算法的计算步骤可以概括为：

应用拉普拉斯变换
分析线性电路

（1）由换路前的电路计算动态元件的 _____。

（2）画运算电路模型。注意：电压、电流用 _____ 表示；元件参数用 _____ 表示；动态元件的初始值用 _____ 表示。

（3）应用前面各章介绍的各种计算方法求响应的 _____。

（4）反变换求响应的 _____。

2. 知识点的应用

电路如图 13.5 所示。已知 $u_S(t) = 30\,\text{V}$ ，$C_1 = 0.2\,\mu\text{F}$ ，$C_2 = 0.5\,\mu\text{F}$ ，$R_1 = 100\,\Omega$ ，$R = 2R_1$ ，开关原闭合，已达稳定状态。$t = 0$ 时开关断开，求开关断开后总电流 i 和电容上电压 u_{C_1} 和 u_{C_2} 。

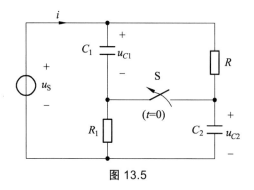

图 13.5

解：（1）由换路前的稳定状态，求储能元件初始状态。求得：$u_{C_1}(0_-) = \underline{\hspace{1cm}}\text{V}$ ，$u_{C_2}(0_-) = \underline{\hspace{1cm}}\text{V}$ 。最后在图 13.6 中画出运算电路模型。（注意：电源参数取其象函数。）

图 13.6　运算模型

（2）运用合适的电路分析方法计算各待求量的象函数。

（3）反变换求原函数。

（六）视频：网络函数

网络函数

1. 视频知识点归纳总结

（1）在复频域中，网络函数的定义为：线性_____电路在_____激励下，_____之比定义为网络函数 $H(s)$，$H(s) = $ _____。

（2）根据网络函数的定义可知，网络函数主要有六种类型，分别是_____、_____、_____、_____、_____、_____。

（3）根据网络函数的定义，若激励 $E(s) = 1$，则 $R(s) = $ _____，即网络函数就是该响应的_____，而当 $E(s) = 1$ 时，$e(t) = $ _____，所以网络函数的原函数 $h(t)$ 是电路的_____，即 $h(t) = $ _____。

（4）网络函数作用：可利用网络函数求取任意激励的_____响应，即 $R(s) = $ _____。

（5）在复频域中，网络函数 $H(s)$ 的分子和分母都是 s 的多项式，其一般形式可写成：$H(s) = \dfrac{N(s)}{D(s)} = H_0 \dfrac{(s-z_1)(s-z_2)\cdots(s-z_i)\cdots(s-z_m)}{(s-p_1)(s-p_2)\cdots(s-p_j)\cdots(s-p_n)} = H_0 \dfrac{\prod\limits_{i=1}^{\infty}(s-z_i)}{\prod\limits_{j=1}^{\infty}(s-p_j)}$。

其中 H_0 为一个常数，当_____时，$H(s) = 0$，故_____称为网络函数的_____；当_____时，$H(s)$ 将趋近无限大，故_____称为网络函数的_____；如果 $N(s)$ 和 $D(s)$ 分别有重根，则称为_____和_____。

（6）在复平面上把 $H(s)$ 的极点用_____表示，零点用_____表示。

（7）由于 $R(s) = H(s)E(s)$，当 $E(s) = 1$ 时，$e(t) = $ _____，所以网络函数的原函数 $h(t)$ 是电路的_____，即 $h(t) = $ _____。

（8）若网络函数为真分式且分母具有单根，则网络函数的冲激响应为 $h(t)$ = _____ = _____ = $\sum\limits_{i=1}^{n} K_i \mathrm{e}^{p_i t}$，式中 p_i 为 $H(s)$ 的_____。

所以分析网络函数的极点与冲激响应的关系就可预见网络响应动态过程中_____的变化规律。

（9）极点与冲激响应的关系：

① 当 p_i 为负实根时，$\mathrm{e}^{p_i t}$ 为_____；当 p_i 为正实根时，$\mathrm{e}^{p_i t}$ 为_____；而且 $|p_i|$ 越大，_____或_____的速度越快。若 $H(s)$ 的极点都位于负实轴上，则 $h(t)$ 将随 t 的增大而_____，这种电路是_____（稳定/不稳定）的；若 $H(s)$ 有一个极点位于正实轴上，则 $h(t)$ 将随 t 的增大而_____，这种电路是_____（稳定/不稳定）的；

② 若 $H(s)$ 的极点为共轭复数，$h(t)$ 是以指数曲线为_____的正弦函数，其实部的正或负确定_____或_____的正弦量。

③ 若 $H(s)$ 的极点 p_i 为虚根时，是_____。

总结：根据时域响应的波形可知，只要极点位于在左半平面，则 $h(t)$ 必随时间增长而_____，故电路是_____。p_i 称为该电路的_____或_____。根据_____和_____可以预见时域响应的全部特点。

（10）令网络函数 $H(s)$ 中复频率 $s = j\omega$，分析 $H(j\omega)$ 随 ω 变化的特性，根据网络函数零、极点的分布可以确定正弦输入时的_____。

若 $H(j\omega) = H_0 \dfrac{\prod\limits_{i=1}^{\infty}(j\omega - z_i)}{\prod\limits_{j=1}^{\infty}(j\omega - p_j)}$，则 $|H(j\omega)| = $ _____，

$\arg[H(j\omega)] = $ _____。将 $|H(j\omega)|$ 随 ω 变化的关系称为_____，将 $\arg[H(j\omega)]$ 随 ω 变化的关系称为_____。

2. 知识点的应用

（1）如图 13.7 所示电路中电路激励为 $i_S(t) = \delta(t)$，电容初始储能为零。求网络函数和电容电压 $u_C(t)$。

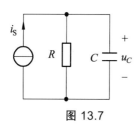

图 13.7

① 在图 13.8 中画出电路的运算模型。

图 13.8　运算模型

② 求 $H(s)$。$H(s) =$ _____（定义式），即为一端口 _____。

③ 求 $u_C(t)$。根据网络函数的定义，得到 $U_C(s) =$ _____。由拉氏反变换得到 $u_C(t) =$ _____。

（2）在图 13.9 中分别绘出其极点、零点图：

① $H(s) = \dfrac{s^2 + 4s + 3}{s^3 + 6s^2 + 8s}$。

② $H(s) = \dfrac{s^2 + 4s + 3}{s^3 + 6s^2 + 8s}$。

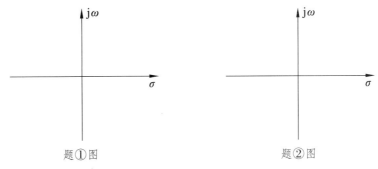

题①图   题②图

图 13.9

第一章　电路模型和电路定律

（一）视频：绪论，电路和电路模型

1. 视频知识点归纳总结

（1）电流

（2）能量的传输、分配与转换，信息的传递、控制与处理

（3）电源，负载，中间环节（连接导线及开关）

（4）提供能量或信号，电压或电流

（5）将电能转化为其他形式的能量或对信号进行处理，电压或电流

（6）某种确定电磁性质，有某种确定的电磁性质，精确的数学定义

（7）消耗电能，储存磁场能量，储存电场能量，将其他形式的能量转变成电能

（8）同一，不同

（9）集中在元件内部进行，远小于

2. 知识点的应用

（1）略。

（2）

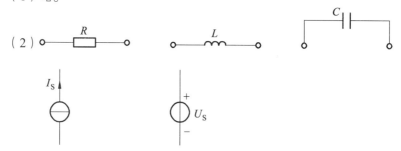

（3）6 000 km，是，分布参数电路

（二）视频：参考方向，电功率和能量

1. 视频知识点归纳总结

（1）$i(t) \stackrel{\text{def}}{=\!=} \lim\limits_{\Delta t \to 0} \dfrac{\Delta q}{\Delta t} = \dfrac{\mathrm{d}q}{\mathrm{d}t}$，正电荷，电路复杂，电流随时间变化

（2）任意假定一个正电荷运动的方向，$>$，$<$，代数量

（3）箭头，双下标

（4）$U \stackrel{\text{def}}{=\!=} \dfrac{\mathrm{d}W}{\mathrm{d}q}$，电位真正降低（电压降）

（5）假设高电位指向低电位的方向，电压的参考方向与实际方向一致，电压的参考方向与实际方向相反

（6）箭头，正负极性，双下标

（7）元件或支路的 u、i 采用相同的参考方向，非关联参考方向

（8）$\dfrac{\mathrm{d}w}{\mathrm{d}t}$，$ui$，单位时间内电场力所做的功

（9）ui

① 吸收，吸收，发出

② 发出，发出，吸收

2. 知识点的应用

（1）电路复杂或电流、电压随时间变化

（2）两，三。略。

（3）实际方向与参考方向的关系：若实际方向与参考方向一致，其值大于零；若实际方向与参考方向相反，其值小于零

　　　a，b，b，a，a，b，b，a

（4）略。

（5）2 W（吸收），4 W（吸收），2 W（发出），4 W（发出）

（三）视频：电阻元件，电压源

1. 视频知识点归纳总结

（1）电阻，欧姆（Ω），。电导，西门子（S），$\dfrac{1}{R}$

（2）Ri，$-Ri$

（3）短路，u；开路，i

（4）ui，$i^2 R$，$\dfrac{u^2}{R}$

（5），电压，电流，开路，短路

2. 知识点的应用

（1）略。

（2）一般的电路电阻都为正值，但如果是含有受控源的电路，其等效电阻也可能为负。

（3）除了考虑电阻的阻值以外，还要考虑电阻的额定功率。

（四）视频：电流源，受控源

1. 视频知识点归纳总结

（1），电流，电压，短路，开路

（2）高，低，正，负，非关联

（3）电压控制电流源、电压控制电压源、电流控制电流源、电流控制电压源，四。图略。

（4）电源本身，控制量，激励

2. 知识点的应用

（1）（a）$u = 10i$；（b）$u = -20i$；（c）$u = 10\text{ V}$；（d）$u = -5\text{ V}$；（e）$i = 10\text{ A}$；（f）$i = -5\text{ A}$

（2）受控电压源的端电压 $U_1 = 24\text{ V}$，$P_发 = 72\text{ W}$

（3）受控电流源的电流 $I_2 = 3\text{ A}$，$P_吸 = 15\text{ W}$

（五）视频：基尔霍夫定律

1. 视频知识点归纳总结

（1）① 电路中通过同一电流的分支或每一个二端件

② 三条以上支路的连接点

③ 两节点间的一条通路

④ 由支路组成的闭合路径

⑤ 平面电路其内部不含任何支路的回路

（2）基尔霍夫电流定律，基尔霍夫电压定律

（3）KCL：在集中参数电路中，任意时刻，对任意节点电流的代数和等于零；$\sum i = 0$

（4）KVL：在集中参数电路中，任意时刻，沿任一回路，所有电压的代数和等于零；$\sum u = 0$

（5）基尔霍夫定律，元件特性，元件的 VCR 关系约束，基尔霍夫定律（拓扑约束）

2. 知识点的应用

（1）3，2，3，2，图略。

（2）$i_1 - i_2 + i_3 - i_4 = 0$，$\sum i_入 = \sum i_出 (i_1 + i_3 = i_2 + i_4)$

（3）-3 A，1 A

（4）$i_1 + i_2 + i_3 = 0$

（5）$i_1 = i_2$ 或相等

（6）0

（7）$U_2 + U_3 + U_4 + U_{S4} - U_1 - U_{S1} = 0$ ，

$U_2 + U_3 + U_4 + U_{S4} = U_1 + U_{S1}$ $\left(\sum u_{降} = \sum u_{升}\right)$ ，

$u_{AB} = U_2 + U_3$ 或者 $u_{AB} = U_{S1} + R_1 I_1 - U_{S4} - R_4 I_4$

第二章　电阻电路的等效变换

（一）视频：电阻的串并联及 Y—△ 连接

1. 视频知识点归纳总结

1）

（1）向外引出两个端钮，且从一个端子流入的电流等于从另一端子流出的电流；一端口网络

（2）电压、电流关系（伏安关系），对外，对内

2）

（1）各电阻顺序连接，流过同一电流

（2）$R_{eq} = R_1 + \cdots + R_k + \cdots + R_n = \sum\limits_{k=1}^{n} R_k$ ， $u_k = \dfrac{R_k}{R_{eq}} u$ ，电阻，分压，各串联电阻消耗功率的总和

（3）$u_1 = \dfrac{R_1}{R_1 + R_2} u$ ， $u_2 = -\dfrac{R_2}{R_1 + R_2} u$

（4）各电阻两端分别接在一起，两端为同一电压

（5）$G_1 + \cdots + G_k + \cdots + G_n = \sum\limits_{k=1}^{n} G_k$ ， $i_k = \dfrac{G_k}{G_{eq}} i$ ，电导，分流

（6）$i_1 = \dfrac{R_2}{R_1 + R_2} i$ ， $i_2 = -\dfrac{R_1}{R_1 + R_2} i$

3）惠斯通电桥，$R_3 R_7 = R_4 R_6$ ，开路，短路

4）

（1）$u_{12\triangle}$ ， $u_{23\triangle}$ ， $u_{31\triangle}$ ， $i_{1\triangle}$ ， $i_{2\triangle}$ ， $i_{3\triangle}$

（2）① Y→△ ：

$$R_{12} = \frac{R_1 R_2 + R_2 R_3 + R_3 R_1}{R_3}$$

$$R_{23} = \frac{R_1 R_2 + R_2 R_3 + R_3 R_1}{R_1}$$

$$R_{31} = \frac{R_1 R_2 + R_2 R_3 + R_3 R_1}{R_2}$$

$$R_{\triangle} = \frac{Y形电阻两两乘积之和}{Y形不相邻电阻}$$

② △→Y ：

$$R_1 = \frac{R_{12} R_{31}}{R_{12} + R_{23} + R_{31}}$$

$$R_2 = \frac{R_{23} R_{12}}{R_{12} + R_{23} + R_{31}}$$

$$R_3 = \frac{R_{31} R_{23}}{R_{12} + R_{23} + R_{31}}$$

$$R_Y = \frac{△形相邻电阻的乘积}{△形电阻之和}$$

③ $R_\triangle = 3R_Y$

2. 知识点的应用

（1）$2\,\Omega$

（2）$3\,\Omega$

（3）$-1\,A$，$\dfrac{2}{3}\,A$，$0\,A$，$\dfrac{1}{3}\,A$

（4）$1.269\,\Omega$

（5）① $7\,\Omega$ ② $7\,\Omega$

（二）视频：电源的串、并联和实际电源模型

1. 视频知识点归纳总结

1）

（1）$u_{S1}+\cdots+u_{Sk}+\cdots+u_{Sn}$；$u_{Sk}$ 的参考方向与 u_S 参考方向一致时，式中取"＋"，不一致时取"－"

（2）$u_{S1}=u_{S2}$，u_{S1} 或 u_{S2}，相等，方向，电压源

（3）无耦合，理想电压源 u_S，等效电路见下图：

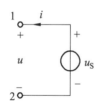

2）

（1）i_{sk} 的参考方向与 i_s 参考方向一致时，式中取"＋"，不一致时取"－"；$i_{s1}-i_{s2}+i_{s3}$

（2）无耦合，理想电流源 i_s，等效电路见下图：

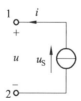

3）

（1）

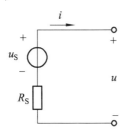

$$u = u_S - R_S i$$

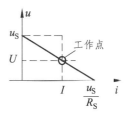

R_S 越小

（2）

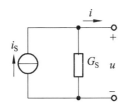

$$i = i_S - G_S u$$

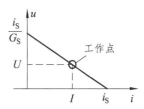

G_S 越小

4）

（1）$i_S = u_S/R_S$，$G_S = 1/R_S$，电流源电流方向与电压源电压方向相反

（2）

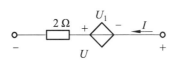

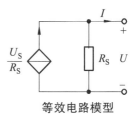

等效电路模型 　　　　　　　　　　等效电路模型

2. 知识点的应用

（1）

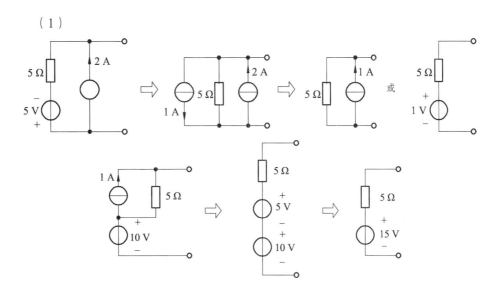

（2）

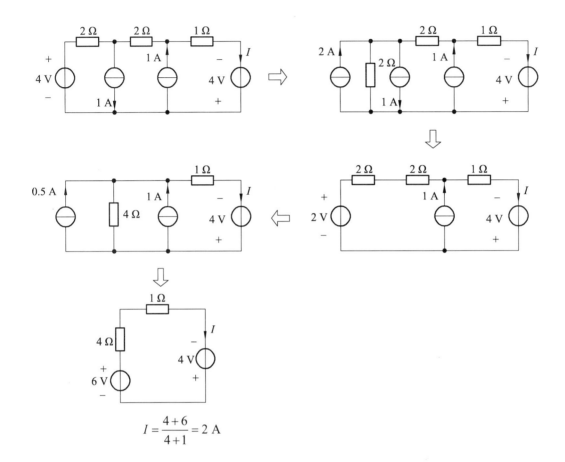

$$I = \frac{4+6}{4+1} = 2 \text{ A}$$

（三）视频：输入电阻

1. 视频知识点归纳总结

（1）端口电压 u，端口电流 i

（2）电阻串并联，平衡电桥，△—Y 变换

（3）加压求流，加流求压

2. 知识点的应用

（1）$(1 - \beta)R$

（2）$15 \ \Omega$

（3）$10 \ \Omega$

（4）$(1 - \mu)R_1 + R_2$

（5）$R_1 + (1 + \beta)R_2$

第三章　电阻电路的一般分析

（一）视频：电路的图，KCL 和 KVL 的独立方程数

1. 视频知识点归纳总结

（1）支路，节点，整体，依然存在，同时移去

（2）从图的一个节点出发沿着一些支路连续移动到达另一节点所经过的支路

（3）图的任意两节点间至少有一条路径

（4）若图 G1 中所有支路和节点都是图 G 中的支路和节点，则称 G1 是 G 的子图

（5）连通，包含所有节点，不含回路，构成树的支路，属于图而不属于树的支路，$n-1$，$b-(n-1)$，b

（6）连通图的某个子图构成的一条闭合路径，连通，每个节点关联 2 条支路，单连支回路，连支，独立回路，$b-(n-1)$

（7）不是，是，$n-1$，相等，$n-1$

（8）给定的树和一个连支，不会，是，是，等于，相等，$b-(n-1)$

2. 知识点的应用

略。

（二）视频：支路电流法

1. 视频知识点归纳总结

（1）支路电流，b，b

（2）KCL，KVL，$n-1$，独立的 KCL，$b-(n-1)$，KVL

（3）① 标定各支路电流（电压）的参考方向；

② 选定（$n-1$）个独立节点，列写其 KCL 方程；

③ 选定 $b-(n-1)$ 个独立回路，列写其 KVL 方程；

④ 求解上述方程，得到 b 个支路电流；

⑤ 进一步计算其他参数。

（4）① 选理想电流源所在的回路，增设理想电流源电压为未知量，写 KVL 方程；

② 不选含理想电流源的回路，少写 KVL 方程。

（5）先将受控源看作独立源列方程，再将控制量用支路电流表示，并代入前面列写的方程，消去中间变量。

2. 知识点的应用

（1）
$$-i_1 - i_2 - i_6 = 0$$
$$i_2 - i_3 - i_4 = 0$$
$$i_4 + i_6 - i_5 = 0$$
$$R_2 i_2 + u_{S3} + R_3 i_3 - R_1 i_1 = 0$$
$$R_4 i_4 + R_5 i_5 - R_3 i_3 - u_{S3} = 0$$
$$R_6 i_6 + u_{S6} - R_4 i_4 - R_2 i_2 = 0$$

（2）略。

（3）
$$-I_1 - I_2 + I_3 = 0$$
$$7I_1 - 11I_2 + 5U - 70 = 0$$
$$11I_2 + 7I_3 - 5U = 0$$
$$U = 7I_3$$

（三）视频：回路电流法和网孔电流法

1. 视频知识点归纳总结

（1）$b-(n-1)$，假想回路电流，$b-(n-1)$，回路，$b-(n-1)$，KVL

（2）
$$R_{11} i_{l1} + R_{12} i_{l2} + \ldots + R_{1l} i_{ll} = u_{Sl1}$$
$$R_{21} i_{l1} + R_{22} i_{l2} + \ldots + R_{2l} i_{ll} = u_{Sl2}$$
$$\ldots$$
$$R_{l1} i_{l1} + R_{l2} i_{l2} + \ldots + R_{ll} i_{ll} = u_{Sll}$$

回路中所有支路的电阻之和，正，回路和回路之间公共电阻之和 ，正，负，升

（3）对称

（4）① 选定 $l = b-(n-1)$ 个独立回路，并标出回路电流方向。

② 对 l 个独立回路，以回路电流为未知量，列写其 KVL 方程。

③ 求解上述方程，得到 l 个回路电流。

④ 求各支路电流（用回路电流表示）。

⑤ 分析其他参数。

（5）① 电压，回路电流，电流源电流，独立回路，无伴电流源，回路电流

② 独立源，控制量，控制量，回路电流

（6）网孔，网孔，$b-(n-1)$

（7）网孔电流法以自然网孔为独立回路，只适用于平面电路；回路电流法可以任意选择独立回路，比网孔电流法灵活。

2. 知识点的应用

（1）略。

（2）略。

（3）略。

（四）视频：节点电压法

1. 视频知识点归纳总结

（1）节点电压，较少

（2）节点电压，节点电压，节点电压，支路电压、电流

（3）$n-1$，$b-(n-1)$

（4）节点电压（位），从独立节点指向参考节点

（5）支路的电导之和，正

（6）所有支路的电导之和，负

（7）电源电流的代数和。

（8）① 以电压源电流为变量，增补节点电压与电压源间的关系

② 选择合适的参考点

（9）独立电源，控制量，节点电压

（10）电流源串接的电阻

2. 知识点的应用

（1）

$$G_{11}u_{n1} + G_{12}u_{n2} + \ldots + G_{1(n-1)}u_{n(n-1)} = i_{Sn1}$$
$$G_{21}u_{n1} + G_{22}u_{n2} + \ldots + G_{2(n-1)}u_{n(n-1)} = i_{Sn2}$$
$$\ldots$$
$$G_{(n-1)1}u_{n1} + G_{(n-1)2}u_{n2} + \ldots + G_{(n-1)(n-1)}u_{n(n-1)} = i_{Sn(n-1)}$$

（2）

① 选定参考节点，标定 $n-1$ 个独立节点。

② 对 $n-1$ 个独立节点，以节点电压为未知量，列写其 KCL 方程；当电路中有无伴电压源或受控源时，需另行处理。

③ 求解上述方程组，得到 $n-1$ 个节点电压。

④ 求各支路电流（用节点电压表示），及其他分析。

⑤ 受控源要另作分析。

（3）

$$(G_S + G_1 + G_2)U_{n1} - G_1U_{n2} - G_SU_{n3} = G_SU_S$$
$$-G_1U_{n1} + (G_1 + G_3 + G_4)U_{n2} - G_4U_{n3} = 0$$
$$-G_SU_{n1} - G_4U_{n2} + (G_S + G_5 + G_4)U_{n3} = -G_SU_S$$

（4）

① 方法一：电流，无伴电压源电压，节点电压

方法二：参考点，节点电压

练习：

$$(G_1 + G_2)U_{n1} - G_1U_{n2} = i$$
$$-G_1U_{n1} + (G_1 + G_3 + G_4)U_{n2} - G_4U_{n3} = 0$$
$$-G_4U_{n2} + (G_5 + G_4)U_{n3} = -i$$
$$U_{n1} - U_{n3} = U_S$$

② 独立源，控制量，控制量，节点电压

（5）

$$(1/R_1 + 1/R_2)U_{n1} - (1/R_1)U_{n2} = i_{S1}$$
$$-(1/R_1)U_{n1} + (1/R_1 + 1/R_3)U_{n2} = -i_{S1} - g_mu_{R2}$$
$$U_{n1} = u_{R2}$$

第四章　电路定理

（一）视频：叠加定理

1. 视频知识点归纳总结

（1）可加性，齐次性

（2）电流，电压，独立电源，代数和。

（3）叠加定理的总结

① 线性，非线性

② 零，零，短路；零，开路

③ 不能，功率为电源的二次函数

④ 能，不能

⑤ $u_f = x_1u_{S1} + x_2u_{S2} + \cdots + x_gu_{Sg} + y_1i_{S1} + y_2i_{S2} + \cdots + y_hi_{Sh}$

　$i_f = x_1'u_{S1} + x_2'u_{S2} + \cdots + x_g'u_{Sg} + y_1'i_{S1} + y_2'i_{S2} + \cdots + y_h'i_{Sh}$

（4）线性；激励（独立源）都同时增大（或缩小）同样的倍数，则电路中响应（电压或电流）也增大（或缩小）同样的倍数；正比

2. 知识点的应用

（1）$-5.6\,\text{V}$，$7.84\,\text{W}$

（2）$19.6\,\text{V}$

（3）$23\,\text{V}$

（4）$-1\,\text{V}$

（5）$i_1 = 0.727\,2\,\text{A}$、$i_2 = 0.181\,8\,\text{A}$、$i_3 = 0.545\,4\,\text{A}$、$i_4 = 0.363\,6\,\text{A}$、$i_5 = 0.181\,8\,\text{A}$、$u_{n1} = 7.091\,\text{V}$、$u_{n2} = 4.364\,\text{V}$、$u_{n1} = 7.091\,\text{V}$、$u_O/u_S = 0.364$

（二）视频：戴维宁定理和诺顿定理

1. 视频知识点归纳总结

（1）线性含源一端口网络，电压源和电阻的串联组合，外电路断开时端口处的开路电压 U_{oc}，一端口的输入电阻（或等效电阻 R_{eq}）

戴维宁等效电路：

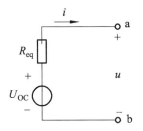

（2）一个含源线性一端口电路，电流源和电导（电阻）的并联组合，该一端口的短路电流，把该一端口的全部独立电源置零后的输入电导（电阻）

诺顿等效电路：

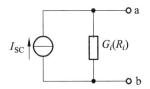

（3）外电路断开时的开路电压 U_{oc}，与所求开路电压方向，任意方法

① KCL、KVL 列方程

② 等效变换方法（分压、分流、电源等效变换法）

③ 电路一般分析方法（支路电流法、回路电流法、节点电压法）

④ 叠加定理和替代定理

（4）独立电源全部置零（电压源短路，电流源开路），输入电阻

① 电阻串、并联和 △—Y 互换

② 外加电源法（加压求流或加流求压）

③ 开路电压，短路电流法

a. 线性或非线性，含源一端口网络的等效电路不变（伏安特性等效）

b. 控制电路与受控源

2. 知识点的应用

（1）0.33 A（1.2 Ω），0.2 A（5.2 Ω）

（2）3 V

（3）2.83 A

（三）视频：最大功率传输定理

1. 视频知识点归纳总结

（1）小，大，$R_L\left(\dfrac{u_{oc}}{R_{eq}+R_L}\right)^2$，$R_{eq}$，$\dfrac{u_{oc}^2}{4R_{eq}}$，50%

（2）一端口电路给定、负载电阻可调，戴维宁或诺顿，

（3）① 求开路电压 U_{oc}
② 求等效电阻 R_{eq}
③ 由最大功率传输定理公式求解参数

2. 知识点的应用

（1）3 Ω，11 W
（2）6.4 Ω，28.9 W

（四）视频：特勒根定理，互易定理

1. 视频知识点归纳总结

（1）内容：略。
实质：功率守恒。
（2）略。
（3）$u_1\hat{i}_1 + u_2\hat{i}_2 = \hat{u}_1 i_1 + \hat{u}_2 i_2$
（4）略。
（5）略。

2. 知识点的应用

（1）4 V
（2）7.2 V

第五章　储能元件

（一）视频：电容元件

1. 视频知识点归纳总结

（1）正、负，电荷，电场能量
（2）库伏特性
（3）正，过原点的直线，电容量 C
F（法拉），μF（微法），pF（皮法）。

（4）①

② $i = \dfrac{\mathrm{d}q}{\mathrm{d}t} = C\dfrac{\mathrm{d}u}{\mathrm{d}t}$

a. 0，开路，隔直传交

b. 变化率，大小，动态元件

c. 有限值，时间的连续函数

③ $u(t) = \dfrac{1}{C}\displaystyle\int_{-\infty}^{t} i\,\mathrm{d}\xi = \dfrac{1}{C}\int_{-\infty}^{t_0} i\,\mathrm{d}\xi + \dfrac{1}{C}\int_{t_0}^{t} i\,\mathrm{d}\xi$

a. 记忆元件

④ a. 负号

b. 初始值，初始状态

（5）

① $p = ui = u \cdot C\dfrac{\mathrm{d}u}{\mathrm{d}t}$。

② $W = \displaystyle\int_{-\infty}^{t} Cu\dfrac{\mathrm{d}u}{\mathrm{d}\xi}\,\mathrm{d}\xi = \dfrac{1}{2}Cu^2(\xi)\Big|_{-\infty}^{t} = \dfrac{1}{2}Cu^2(t) - \dfrac{1}{2}Cu^2(-\infty)$

$\dfrac{1}{2}Cu^2(t)$

③ a. 不能跃变，不能跃变

b. 大于或等于零。

④ $W_C = \dfrac{1}{2}Cu^2(t_2) - \dfrac{1}{2}Cu^2(t_1) = W_C(t_2) - W_C(t_1)$

⑤ a. 充电，储存，其他，电场

b. 放电，释放，电场，其他

储能元件、不

2. 知识点的应用

解：$i(t) = C\dfrac{\mathrm{d}u_S}{\mathrm{d}t} = \begin{cases} 0 & t < 0 \\ 1 & 0 \leqslant t < 1 \\ -1 & 1 \leqslant t < 2 \\ 0 & t \geqslant 2 \end{cases}$

$p(t) = u(t)i(t)$

$= \begin{cases} 0 & t \leqslant 0 \\ 2t & 0 \leqslant t \leqslant 1 \\ 2t - 4 & 1 \leqslant t \leqslant 2 \\ 0 & t \geqslant 2 \end{cases}$

$W_C(t) = \dfrac{1}{2}Cu^2(t)$

$= \begin{cases} 0 & t \leqslant 0 \\ t^2 & 0 \leqslant t \leqslant 1 \\ (t-2)^2 & 1 \leqslant t \leqslant 2 \\ 0 & t \geqslant 2 \end{cases}$

（二）视频：电感元件，电容元件和电感元件的串、并联

1. 视频知识点归纳总结

（1）磁通，磁场

（2）韦安特性

（3）正比，过原点的直线，自感系数（简称电感）L，H（亨）（Henry，亨利），μH，mH

（4）①

② $u(t) = \dfrac{\mathrm{d}\psi}{\mathrm{d}t} = L\dfrac{\mathrm{d}i(t)}{\mathrm{d}t}$

a. 0，短路

b. 变化率，大小，动态元件

c. 有限值，不能跃变，时间的连续函数

③ $i(t) = \dfrac{1}{L}\displaystyle\int_{-\infty}^{t} u\,\mathrm{d}\xi = \dfrac{1}{L}\int_{-\infty}^{t_0} u\,\mathrm{d}\xi + \dfrac{1}{L}\int_{t_0}^{t} u\,\mathrm{d}\xi = i(t_0) + \dfrac{1}{L}\int_{t_0}^{t} u\,\mathrm{d}\xi$

a. 记忆元件

④ a. 负号，b. 初始值

（5）① $p = ui = L\dfrac{\mathrm{d}i}{\mathrm{d}t}\cdot i$

② $W = \displaystyle\int_{-\infty}^{t} Li\dfrac{\mathrm{d}i}{\mathrm{d}\xi}\mathrm{d}\xi = \dfrac{1}{2}Li^2(\xi)\Big|_{-\infty}^{t} = \dfrac{1}{2}Li^2(t) - \dfrac{1}{2}Li^2(-\infty)$

$W = \dfrac{1}{2}Li^2(t)$

③ a. 不能跃变，不能跃变；b. 大于或等于零。

④ $W_L = \dfrac{1}{2}Li^2(t_2) - \dfrac{1}{2}Li^2(t_1) = W_L(t_2) - W_L(t_1)$

⑤ a. 充电，储存，其他，磁场

b. 放电，释放，磁场，其他

⑥ 储能元件，不

（6）$C_{eq} = \dfrac{C_1 C_2}{C_1 + C_2}$，$u_1 = \dfrac{C_2}{C_1 + C_2}u$，$u_2 = \dfrac{C_1}{C_1 + C_2}u$

（7）$C_{eq} = C_1 + C_2$

（8）$L_{eq} = L_1 + L_2$

（9）$L_{eq} = \dfrac{L_1 L_2}{L_1 + L_2}$，$i_1 = \dfrac{L_2}{L_1 + L_2}i$，$i_2 = \dfrac{L_1}{L_1 + L_2}i$

2. 知识点的应用

（1）① $0 < t < 2\,\mathrm{s}$：$u = 0.15\,\mathrm{V}$，$p = 0.225t$（W）

② $2\,\mathrm{s} < t < 4\,\mathrm{s}$：$u = 0$，$p = 0$；

③ $4\,\mathrm{s} < t < 6\,\mathrm{s}$：$u = -0.15\,\mathrm{V}$，$p = (0.225t - 1.35)$（W）

④ $t > 6\,\mathrm{s}$：$u = 0,\ p = 0$

（2）2.2 H

第六章　一阶电路的时域分析

（一）视频：动态电路的方程及其初始条件

1. 视频知识点归纳总结

（1）动态，记忆性，储能，无源

（2）电感和电容/动态，过渡过程，动态，换路

（3）结构，参数/状态

（4）元件，拓扑，$u_L = L\dfrac{\mathrm{d}i_L}{\mathrm{d}t}$，$i_C = C\dfrac{\mathrm{d}u_C}{\mathrm{d}t}$，$u_R = Ri_R$

（5）一阶，二阶

（6）会，是

（7）0，0，u_S，0，开路

（8）0，0，0，$\dfrac{u_\mathrm{S}}{R}$，短路

（9）$t = 0_+$，换路后一瞬间，换路前一瞬间

（10）$q_\mathrm{c}\ (0_+) = q_\mathrm{c}\ (0_-)$，$u_C\ (0_+) = u_C\ (0_-)$，电容电压，电压源，$\varphi_L\ (0_+) = \varphi_L\ (0_-)$，$i_L\ (0_+) = i_L\ (0_-)$，电感电流，电流源，电容电流和电感电压为有限值

（11）后，电压源，短路，电流源，开路

（12）$u_C\ (0_-)$，$i_L\ (0_-)$，开路，短路，$u_C\ (0_+)$，$i_L\ (0_+)$，电压源，电流源，电容电压 u_C，电感电流 i_L，0_+/初始

2. 知识点的应用

（1）（a）图中：① $u_R + u_C = u_\mathrm{S}$，$i = C\dfrac{\mathrm{d}u_C}{\mathrm{d}t}$，$u_R = Ri$

② $u_R = RC\dfrac{\mathrm{d}u_C}{\mathrm{d}t}$

③ $RC\dfrac{\mathrm{d}u_C}{\mathrm{d}t} + u_C = u_\mathrm{S}(t)$

（b）图中：① $u_R + u_L = u_\mathrm{S}$，$u_L = L\dfrac{\mathrm{d}i}{\mathrm{d}t}$，$u_R = Ri$

② $Ri + L\dfrac{\mathrm{d}i}{\mathrm{d}t} = u_\mathrm{S}(t)$

（2）① 闭合，开路，8

② 换路定律，8

③ 断开，用电压为 8 V 的电压源替代，$i_c(0_+) = 0.2$ mA

（3）① 位于1，短路，1

② 换路定律，1

③ 位于2，用电流为 1 A 的电流源替代

$$u_L(0_+) = -u_R(0_+) = -5 \text{ V} \qquad i_R(0_+) = i_L(0_+) = 1 \text{ A}$$

（4）① 断开，短路，开路，1，8

② 换路定律，1，8

③ 闭合，用电流为 1 A 的电流源替代，用电压为 8 V 的电压源替代，

$$u_L(0_+) = 4 \text{ V} \qquad i_C(0_+) = 1 \text{ A} \qquad i(0_+) = 2 \text{ A}$$

（二）视频：一阶电路的零输入响应

1. 视频知识点归纳总结

（1）动态电路中没有外施激励电源，仅由动态元件初始储能所产生的电压和电流

（2）齐次常系数常微分方程的通解

（3）① 列出与电路对应的一阶线性常微分方程；

② 假设其对应的解，求得特征根及积分常数的值，得到方程的解；

③ 写出电路中电压电流对应的表达式。

（4）时间常数，τ，秒，$\tau = RC$，$\tau = L/R$，与动态元件相连的一端口电路的等效电阻，相同，短，$(3 \sim 5)\tau$

（5）$f(t) = f(0_+)e^{-\frac{t}{\tau}}$

2. 知识点的应用

（1）① $u_R + u_C = 0$，$i = C\dfrac{du_C}{dt}$，$u_R = Ri$

② $u_R = RC\dfrac{du_C}{dt}$

③ $RC\dfrac{du_C}{dt} + u_C = 0$

④ $u_C = U_0 e^{-\frac{t}{RC}}$

（2）① 零输入

② 4

③ 20，24，$24e^{-\frac{t}{20}}$ V（$t \geq 0$）

④ $6e^{-\frac{t}{20}}$ A，$4e^{-\frac{t}{20}}$ A，$2e^{-\frac{t}{20}}$ A

（三）视频：一阶电路的零状态响应、全响应

1. 视频知识点归纳总结

（1）电压；电流；动态电路中没有动态元件初始储能，由 $t > 0$ 电路中外加激励作用所产生的电压和电流；电路的初始状态不为零，同时又有外加激励源作用时电路中产生的响应

（2）齐次常系数常微分方程的通解，非齐次常系数常微分方程的特解

（3）$f(t) = f(\infty) - f(\infty)\mathrm{e}^{-\frac{t}{\tau}}$ $(t \geqslant 0)$

（4）$f(t) = f(\infty) + [f(0+) - f(\infty)]\mathrm{e}^{-\frac{t}{\tau}}$ $(t > 0)$

2. 知识点的应用

（1）全，$u_C(t) = 10 - 5\mathrm{e}^{-1\,000t}$ V

（2）零状态，$i_L(t) = 10 - 10\mathrm{e}^{-100t}$ A，$u_L(t) = 2\,000\,\mathrm{e}^{-100t}$ V

（四）视频：一阶电路全响应的分解，三要素法

1. 视频知识点归纳总结

（1）全响应，强制/稳态，自由/暂态，零输入响应，零状态响应

（2）$f(t) = f(\infty) + [f(0_+) - f(\infty)]\mathrm{e}^{-\frac{t}{\tau}}$

（3）初始值，稳态值，时间常数，一阶，$f(0_+)\mathrm{e}^{-\frac{t}{\tau}}$，$f(\infty)\left(1 - \mathrm{e}^{-\frac{t}{\tau}}\right)$

（4）① 用 0_+ 时刻的等效电路求解初始值 $f(0_+)$；

② 用 $t \to \infty$ 时刻的稳态电路求解新稳态值 $f(\infty)$；

③ 利用时间常数的计算公式求不同一阶电路的时间常数；

④ 写三要素公式；

⑤ 将三要素带入公式，得到电压电流的响应表达式。

2. 知识点的应用

（1）① 开路，断开，2，换路定律，2

② 开路，闭合，0.667

③ 闭合，开路，2/3，2

④ $f(t) = f(\infty) + [f(0_+) - f(\infty)]\mathrm{e}^{-\frac{t}{\tau}}$

$u_C(t) = 0.667 + (2 - 0.667)\mathrm{e}^{-\frac{t}{\tau}} = (0.667 + 1.333\mathrm{e}^{-0.5t})$ V　$t \geqslant 0$

⑤ $u_C(t)$，

$i(t) = \dfrac{u_C(t)}{1} = (0.67 + 1.33\mathrm{e}^{-0.5t})$ A　$t \geqslant 0$

（2）① 断开，短路，2，换路定律，2。

闭合，用 2 A 的电流源替代，$i_1(0_+)=0$ A，$i_2(0_+)=2$ A

② 闭合，短路，$i_L(\infty)=6$ A，$i_1(\infty)=2$ A，$i_2(\infty)=4$ A

③ 闭合，开路，$\tau=0.2$ s

④ $f(t)=f(\infty)+[f(0_+)-f(\infty)]\mathrm{e}^{-\frac{t}{\tau}}$

$i_L(t)=6+(2-6)\mathrm{e}^{-\frac{t}{0.2}}=(6-4\mathrm{e}^{-5t})$ A $t\geqslant 0$

$i_1(t)=2-2\mathrm{e}^{-5t}$ (A) $t\geqslant 0$

$i_2(t)=4-2\mathrm{e}^{-5t}$ (A) $t\geqslant 0$

（3）① $i_2(t)=4-2\mathrm{e}^{-5t}$ (A) $t\geqslant 0$

② 闭合。图略。

③ $u_L(t)=10\mathrm{e}^{-5t}$，$5i_1+u_L=10$，$i_1(t)=2-2\mathrm{e}^{-5t}$ (A) $t\geqslant 0$，$i_2(t)=4-2\mathrm{e}^{-5t}$ (A) $t\geqslant 0$

④ $u_C(t)=12+(-8-12)\mathrm{e}^{-t}=(12-20\mathrm{e}^{-t})$ V $t\geqslant 0$

（4）$i(t)=i_L(t)+\dfrac{u_C(t)}{2}=2(1-\mathrm{e}^{-5t})+5\mathrm{e}^{-2t}$ (A) $t\geqslant 0$

（五）视频：一阶电路的阶跃响应

1. 视频知识点归纳总结

（1）$\varepsilon(t)=\begin{cases}1,\ t\geqslant 0\\0,\ t<0\end{cases}$，$t=0$，1，阶跃

（2）$t=0_+$

（3）① $\varepsilon(t-t_0)=\begin{cases}0\ (t<t_0)\\1\ (t>t_0)\end{cases}$

② $f(t)\varepsilon(t-t_0)$

（4）电路对于单位阶跃函数输入的零状态响应，零状态

（5）① 求 $f(0_+)$；

② 求 $f(\infty)$；

③ 求 τ；

④ 根据三要素，写出 $f(t)$。

（6）$u_C(t)=(1-\mathrm{e}^{-\frac{t}{RC}})\varepsilon(t)$ 在 $t<0$ 时等于 0，而后者不一定。

2. 知识点的应用

（1）$f(t)=\varepsilon(t)-\varepsilon(t-2)$，$i_S(t)=[10\varepsilon(t)-15\varepsilon(t-1)+5\varepsilon(t-2)]$ A

（2）① 0

② 1，开路

③ RC

④ $u_C(t) = u_C(\infty) + [u_C(0_+) - u_C(\infty)]e^{-\frac{t}{\tau}} = (1 - e^{-\frac{t}{RC}})\varepsilon(t)$

⑤ $u_C(t) = (1 - e^{-\frac{t-t_0}{RC}})\varepsilon(t-t_0)$

（六）视频：一阶电路的冲击响应

1. 视频知识点归纳总结

（1）$\begin{cases} 0, t < 0_- \\ 0, t > 0_+ \end{cases}$ ； $\int_{-\infty}^{\infty} \delta(t)\mathrm{d}t = 1$

（2）① 单位阶跃函数，$\varepsilon(t)$ ② $f(0)\delta(t)$，$f(t_0)\delta(t-t_0)$

（3）单位冲激，零状态

（4）$h(t)$，$S(t)$，单位阶跃

2. 知识点的应用

（1）1，0，1

（2）① 图略，$\delta(t)$。

② $\dfrac{1}{C}$

③ 图略。由 $u_C(0_+)$ 引起的零输入

④ $u_C = u_C(0_+)e^{-\frac{t}{\tau}}\varepsilon(t) = \dfrac{1}{C}e^{-\frac{t}{RC}}\varepsilon(t)$

⑤ $\delta(t) - \dfrac{1}{RC}e^{-\frac{t}{RC}}\varepsilon(t)$

注意：②≠，③≠

总结：

（1）① $\varepsilon(t)$ ③ $h(t) = \dfrac{\mathrm{d}s(t)}{\mathrm{d}t}$

（2）① $u_C(0_+)$，$i_L(0_+)$

② 零输入响应，$u_C(0_+)e^{-\frac{t}{\tau}}\varepsilon(t)$，$i_L(0_+)e^{-\frac{t}{\tau}}\varepsilon(t)$

开路，短路

第七章　相量法

（一）视频：数学基础

1. 视频知识点归纳总结

（1）① $a + jb$ ② $|F|e^{j\varphi}$ ③ $|F|(\cos\varphi + j\sin\varphi)$ ④ $|F|\angle\varphi$

（2）① $\sqrt{a^2+b^2}$ ，$\arctan\dfrac{b}{a}$　② $|F|\cos\theta$ ，$|F|\sin\theta$

（3）代数式；极坐标式；将复数写成代数式，实部和实部相加减，虚部和虚部相加减；将复数写成极坐标式或指数式，模和模相乘除，幅角和幅角相加减

（4）逆时针，模，顺时针，模，逆时针，90，顺时针，90，顺时针或逆时针，180

2. 知识点的应用

（1）$|F|\mathrm{e}^{-\mathrm{j}\varphi}$ ，$|F|(\cos\varphi-\mathrm{j}\sin\varphi)$

（2）$a_1+a_2+\mathrm{j}(b_1+b_2)$ ，$|A_1|*|A_2|\angle(\theta_1+\theta_2)$

（二）视频：正弦量，相量法的基础

1. 视频知识点归纳总结

（1）正弦规律变化的电压和电流，cos 函数

（2）瞬时值，最大值，大小，相位，相角，角频率，快慢，弧度/秒，$\omega=2\pi f$，$f=\dfrac{1}{T}$ ，$t=0$，初相，起点，$\leqslant\pi$，最大值、角频率、初相位。注意：④ 共同的计时起点。

（3）相位之差，$\varphi_u-\varphi_i$，超前，滞后，超前，滞后

（4）$\varphi=0$，同相，$\varphi=\pi$（180°），反相，$\varphi=\pi/2$，正交

（5）有效值，瞬时值的平方在一个周期内积分的平均值再取平方根，均方根值，$1/\sqrt{2}$ ，$1/\sqrt{2}$ ，220，100

（6）正弦量的复数向量

（7）$100\angle30°$ ，$220\angle-60°$

（8）$10\angle30°$ ，$-10\angle-30°$ ，$3\,140\angle120°$ ，$-10\,000\angle60°$

$14.14\times314\cos\left(314t+30°+\dfrac{\pi}{2}\right)$ ，$3\,140\angle120°$ ，

$-14.14\times1\,000\cos\left(1\,000t-30°+\dfrac{\pi}{2}\right)$ ，$-1\,000\angle60°$

总结：同，$\mathrm{j}\omega$ ，$\dfrac{1}{\mathrm{j}\omega}$

2. 知识点的应用

（1）$100\cos(10^3t-60°)$ ，同频率

（2）① $-\dfrac{3}{4}\pi$　② 135°　③ 不能确定　④ 120°

总结：① 相同　② π　③ 相同　④ 统一（或相同）

（3）$50\sqrt{2}\cos(200\pi t+30°)$ ，$-141.4\cos(200\pi t-150°)$ ，0°

（4）$6\angle30°$ ，$4\angle60°$ ，$9.67\angle42°$ ，$9.67\sqrt{2}\cos(314t+42°)$

总结：复数的加减运算

（三）视频：电路定律的相量形式

1. 视频知识点归纳总结

（1）$\sum \dot{I} = 0$，所有电流，相量的代数和为零

（2）$\sum \dot{U} = 0$，所有电压，相量的代数和为零

（3）$\sqrt{2}RI\cos(\omega t + \varphi_i)$，$R\dot{I}$，$RI\angle\varphi_i$，$RI$，$\varphi_i$，同相，0°
图略。

（4）$\sqrt{2}\omega LI\cos\left(\omega t + \varphi_i + \dfrac{\pi}{2}\right)$，$j\omega L\dot{I}$，$\omega LI\angle\left(\varphi_i + \dfrac{\pi}{2}\right)$，$\omega LI$，$\varphi_i + \dfrac{\pi}{2}$，超前，$\dfrac{\pi}{2}$

感抗，欧姆（Ω），正比，短路，开路，感纳，西门子（S）
图略。

结论：欧姆定律，超前，$\dfrac{\pi}{2}$

（5）$\dfrac{1}{\omega C}\sqrt{2}I\cos\left(\omega t + \varphi_i - \dfrac{\pi}{2}\right)$，$\dfrac{1}{j\omega C}\dot{I}$，$\dfrac{1}{\omega C}I\angle\left(\varphi_i - \dfrac{\pi}{2}\right)$，$\dfrac{1}{\omega C}I$，$\varphi_i - \dfrac{\pi}{2}$，滞后，$\dfrac{\pi}{2}$

容抗，欧姆（Ω），反比，开路，短路，容纳，西门子（S）
图略。

结论：欧姆定律，滞后，$\dfrac{\pi}{2}$

2. 知识点的应用

（1）① $\sqrt{5}$　② $\sqrt{5}$

（2）$u_{ad} = 15\sqrt{2}\cos(10^3 t)$ V，$u_{bd} = 0$

第八章　正弦稳态电路的分析

（一）视频：阻抗与导纳

1. 视频知识点归纳总结

（1）$\dfrac{\dot{U}}{\dot{I}}$，$\dfrac{U}{I}\angle(\varphi_u - \varphi_i)$，阻抗的模，阻抗角，电阻，电抗。图略。

（2）R，$j\omega L$ 或 jX_L，$\dfrac{1}{j\omega C}$ 或 jX_C

（3）$R + j\omega L + \dfrac{1}{j\omega C}$ 或 $R + j\left(\omega L - \dfrac{1}{\omega C}\right)$，相似。图略。

① >，超前，感性

② <，滞后，容性

③ =，同相，阻性
图略。

（4）$\dfrac{\dot{I}}{\dot{U}}$，$\dfrac{I}{U}\angle(\varphi_i-\varphi_u)$，导纳的模，导纳角，电导，电纳。图略。

（5）G 或 $\dfrac{1}{R}$，$\dfrac{1}{j\omega L}$ 或 jB_L，$j\omega C$ 或 jB_C

（6）$\dfrac{1}{R}+j\left(\omega C-\dfrac{1}{\omega L}\right)$，相似。图略。

① ＞，滞后，容性

② ＜，超前，感性

③ ＝，同相，阻性

图略。

2. 知识点的应用

（1）$19.8+j8.6$（Ω）

（2）$3-j4$（Ω）

（3）0（Ω）

（二）视频：电路的相量图

1. 视频知识点归纳总结

（1）① 电流，电流，电压电流关系（VCR），电压，KVL

② 电压，电压，电压电流关系（VCR），电流，KCL

（2）图略。

2. 知识点的应用

（1）① 并，$\dot{U}=U\angle 0°$

② 超前，逆

③ 滞后，RL 串联支路的阻抗角，2，45°，顺，45°

④ 135°

（2）① 并，同相，超前

② $\dot{I}_L=\dot{I}_R+\dot{I}_C$，超前

③ $\dot{U}=\dot{U}_L+\dot{U}_R$

相量图略。

（三）视频：正弦稳压电路的分析

1. 视频知识点归纳总结

（1）表略。相量，相量

（2）拓扑，$\sum\dot{I}=0$，$\sum\dot{U}=0$，元件，$\dot{U}=\dot{I}R$，$\dot{U}=\dot{I}j\omega L$，$\dot{U}=\dot{I}\dfrac{1}{j\omega C}$

2. 知识点的应用

（1）相量模型略。

$$\dot{I}_1 = 0.6\angle 52.3°(\text{A}) \qquad \dot{I}_2 = 0.181\angle -20°(\text{A}) \qquad \dot{I}_3 = 0.57\angle 70°(\text{A})$$

（2）电路图略。

$$\dot{I}_1 = \dot{I}_1' + \dot{I}_1'' = \frac{\dot{U}_{S1}}{\text{j}1 + \dfrac{1 \times (-\text{j}1)}{1 - \text{j}1}} + \frac{-\dot{U}_{S2}}{-\text{j}1 + \dfrac{1 \times \text{j}1}{1 + \text{j}1}} \times \frac{1}{1 + \text{j}1}$$

$$= 3 + \text{j}1 = 3.126\angle 18.43°(\text{A})$$

（3）令 $\dot{I}_1 = 10\angle 0°$，

$$\dot{I} = 10\sqrt{2}\angle 45° \text{ A}$$

$$\dot{U}_S = \text{j}100 \text{ V}$$

（4）答案略

（5）$I_1 = 10 \text{ A}$，$X_C = 15 \text{ }\Omega$，$X_L = 7.5 \text{ }\Omega$，$R_2 = 7.5 \text{ }\Omega$

（四）视频：正弦稳态电路的功率

1. 视频知识点归纳总结

1）$u(t)i(t)$，$UI\cos\varphi + UI\cos(2\omega t + \varphi_u + \varphi_i)$，$UI\cos\varphi$，$UI\cos(2\omega t + \varphi_u + \varphi_i)$，$\varphi_u - \varphi_i$，$UI\cos\varphi[1 + \cos(2\omega t + 2\varphi_u)] + UI\sin\varphi\sin(2\omega t + 2\varphi_u)$，$UI\cos\varphi[1 + \cos(2\omega t + 2\varphi_u)]$，$UI\sin\varphi\sin(2\omega t + 2\varphi_u)$

2）

（1）$\dfrac{1}{T}\int_0^T p\,\text{d}t$，$\dfrac{1}{T}\int_0^T [UI\cos\varphi + UI\cos(2\omega t + \varphi_u + \varphi_i)]\text{d}t$，$UI\cos\varphi$，瓦（瓦特，W），$\varphi_u - \varphi_i$，功率因数角

（2）$0°$，$UI\cos\varphi$，UI，1

$90°$，$UI\cos\varphi$，0，0

$-90°$，$UI\cos\varphi$，0，0

$U_R I$，$I^2 R$，$\dfrac{U_R^2}{R}$

UI_G，$U^2 G$，$\dfrac{I_G^2}{G}$

① 有功功率，功率

② 0

③ 感；容；阻；

感，容

3）

（1）$UI\cos\varphi[1 + \cos(2\omega t + 2\varphi_u)] + UI\sin\varphi\sin(2\omega t + 2\varphi_u)$，$UI\sin\varphi$，var，电路网络与外电路交换的功率，储能元件 L、C 的，功率

（2）$0°$，$UI\sin\varphi$，0，0

$90°$，$UI\sin\varphi$，UI，1

$-90°$，$UI\sin\varphi$，$-UI$，-1，发出无功功率

4）

（1）UI，V·A，对外提供功率，小功率因数负载

（2）I，I，有功，无功，功率，$\sqrt{P^2+Q^2}$

图略。阻抗角

2. 知识点的应用

（1）0.96（滞后）

（2）$5+j10$（Ω），22.4（V）

（五）视频：复功率，最大功率传输

（1）V·A

图略。

$UI\angle\varphi_u-\varphi_i$，$UI\cos\varphi+jUI\sin\varphi$，有功功率（$P$）、无功功率（$Q$）、复功率（$\overline{S}$），视在功率（$S$）

（2）I^2Z，U^2Y^*

（3）复数

（4）有功，无功，视在，功率

（5）① 设备不能充分利用电网提供的功率，造成能量浪费；② 当输出相同的有功功率时，线路压降损耗大。并联电容

（6）相量图略。

$I_L\sin\varphi_1-I\sin\varphi_2$，　$\dfrac{P}{U\cos\varphi_1}$，　$\dfrac{P}{U\cos\varphi_2}$，　I_C，　$\dfrac{P}{U}(\tan\varphi_1-\tan\varphi_2)$，

$\dfrac{P}{\omega U^2}(\tan\varphi_1-\tan\varphi_2)$

（7）功率三角形略。

$P\tan\varphi_1$，$P\tan\varphi_2$，Q_L-Q，ωCU^2，$\dfrac{P}{\omega U^2}(\tan\varphi_1-\tan\varphi_2)$

没有，有功，无功，无功，电容，无功

2）

（1）当$R_L=R_{eq}$时，负载获得最大功率，$P_{max}=\dfrac{U_{OC}^2}{4R_{eq}}$

（2）Z_i^*，$P_{max}=\dfrac{U_{OC}^2}{4R_i}$，最佳匹配

2. 知识点的应用

（1）374.51 μF

（2）① 4 W

② $5\sqrt{2}$ Ω，4.15 W

（3）2 420 W，0 var，2 420 V·A

第九章　含有耦合电感的电路

（一）视频：互感

1. 视频知识点归纳总结

（1）自感磁通，互感磁通

（2）$L_1 i_1 \pm M i_2$，1，1，2，1，$L_2 i_2 \pm M i_1$，自感系数，正，互感系数，可正可负，电流方向，线圈绕向

（3）自感，互感，$L_1 \dfrac{di_1}{dt} \pm M \dfrac{di_2}{dt}$，自感，互感，2，1，$L_2 \dfrac{di_2}{dt} \pm M \dfrac{di_1}{dt}$，$j\omega L_1 \dot{I}_1 \pm j\omega M \dot{I}_2$，$j\omega L_2 \dot{I}_2 \pm j\omega M \dot{I}_1$

（4）结构，相互几何位置，空间磁介质，$\dfrac{M}{\sqrt{L_1 L_2}}$，≤，全耦合，0，疏耦合，最大。

（5）当两个电流分别从两个线圈的对应端子同时流入或流出，若所产生的磁通相互加强时，则这两个对应端子称为两互感线圈的同名端。

*、△、▪ 等

（6）$M \dfrac{di_1}{dt}$，$-M \dfrac{di_1}{dt}$

2. 知识点的应用

（1）$M \dfrac{di_1}{dt}$，$-M \dfrac{di_1}{dt}$

（2）

（a）图：$L_1 \dfrac{di_1}{dt} + M \dfrac{di_2}{dt}$　　　　　　　　（b）图：$L_1 \dfrac{di_1}{dt} - M \dfrac{di_2}{dt}$

　　　　　$L_2 \dfrac{di_2}{dt} + M \dfrac{di_1}{dt}$　　　　　　　　　　　　　$L_2 \dfrac{di_2}{dt} - M \dfrac{di_1}{dt}$

相量模型略。

（a）图：$j\omega L_1 \dot{I}_1 + j\omega M \dot{I}_2$　　　　　　（b）图：$j\omega L_1 \dot{I}_1 - j\omega M \dot{I}_2$

　　　　　$j\omega L_2 \dot{I}_2 + j\omega M \dot{I}_1$　　　　　　　　　　　$j\omega L_2 \dot{I}_2 - j\omega M \dot{I}_1$

（3）（a）图：$u_1 = L_1 \dfrac{di_1}{dt} - M \dfrac{di_2}{dt}$　　　　（b）图：$u_1 = -L_1 \dfrac{di_1}{dt} - M \dfrac{di_2}{dt}$

　　　　　　　$u_2 = -L_2 \dfrac{di_2}{dt} + M \dfrac{di_1}{dt}$　　　　　　　　$u_2 = L_2 \dfrac{di_2}{dt} + M \dfrac{di_1}{dt}$

（二）视频：含有耦合电感电路的计算

1. 视频知识点归纳总结

（1）串联，并联，T 型（单点联）

（2）图（a）：顺串，$L_1 + L_2 + 2M$

图（b）：反串，$L_1 + L_2 - 2M$

图（c）：同侧并联，$M + (L_1 - M)//(L_2 - M) = \dfrac{L_1 L_2 - M^2}{L_1 + L_2 - 2M}$

图（d）：异侧并联，$-M + (L_1 + M)//(L_2 + M) = \dfrac{L_1 L_2 - M^2}{L_1 + L_2 + 2M}$

图（e）（f）：T 型（单点联），

$\dot{U}_{13} = j\omega(L_1 - M)\,\dot{I}_1 + j\omega M \dot{I}$ $\dot{U}_{23} = j\omega(L_2 + M)\,\dot{I}_1 - j\omega M \dot{I}$

图略。

2. 知识点的应用

（1）图（a）：j0.7 Ω   图（b）：j0.7 Ω

（2）图（a）：−j1 Ω   图（b）：∞

（3）网孔电流方程为：

$$\begin{cases} [R_S + j\omega(L_1 + M) + j\omega(L_2 + M)]\dot{I}_1 - j\omega(L_2 + M)\dot{I}_2 = \dot{U}_S \\ -j\omega(L_2 + M)\dot{I}_1 + [R_L + j\omega(L_2 + M) - j\omega M]\dot{I}_2 = 0 \end{cases}$$

（4）S 打开：$10.85\angle -77.47°$ A

S 闭合：$43.85\angle -37.87°$ A

（三）视频：变压器原理，理想变压器

1. 视频知识点归纳总结

（1）互感

（2）原边线圈，初级线圈，一次线圈，副边线圈，次级线圈，二次线圈

（3）一次回路，一次侧，原边回路、初级回路；二次回路，二次侧，副边回路、次级回路。

（4）线性变压器，铁心变压器，铁心变压器，能量，线性变压器，空心变压器，信号

（5）$R_1\dot{I}_1 + j\omega L_1\dot{I}_1 - j\omega M\dot{I}_2 = \dot{U}_S$， $R_2\dot{I}_1 + Z\dot{I}_1 + j\omega L_2\dot{I}_1 - j\omega M\dot{I}_1 = 0$

$\dfrac{\dot{U}_S}{Z_{11} + \dfrac{(\omega M)^2}{Z_{22}}}$， $\dfrac{j\omega M\dot{U}_S}{Z_{11}} \cdot \dfrac{1}{Z_{22} + \dfrac{(\omega M)^2}{Z_{11}}}$， $\dfrac{(\omega M)^2}{Z_{22}}$， $\dfrac{(\omega M)^2}{Z_{11}}$，互感

（6）受控源去耦，T 型去耦，图略

（7）无损耗，全耦合，参数无限大

（4）① $\dfrac{u_1}{u_2} = n$；若 u_1，u_2 的正极性端为一对同名端，则式中取"＋"，否则取"－"。

② $i_1 = -\dfrac{1}{n} i_2$；若 i_1，i_2 均从同名流入（或流出），则式中取"－"，否则取"＋"

③ $\dfrac{\dot{U}_1}{\dot{I}_1} = n^2 Z$，大小，性质

④ 0，不，不，传递信号和能量

2. 知识点的应用

（1）$Z_{11} = 2\sqrt{2}\angle 45° \ \Omega$，$Z_{22} = \mathrm{j}12 \ \Omega$，$\dfrac{(\omega M)^2}{Z_{22}} = -\mathrm{j}3 \ \Omega$，$\dfrac{(\omega M)^2}{Z_{11}} = 9\sqrt{2}\angle -45° \ \Omega$，

$\dot{U}_{OC} = 12\sqrt{2}\angle 45° \ \mathrm{V}$

（2）0.5 H

（3）$-n$，$-1/n$

第十章　电路的频率响应

（一）视频：网络函数，串联谐振

1. 视频知识点归纳总结

（1）频率，频率响应

（2）线性正弦稳态网络，一个独立激励源，某一处的响应（电压或电流），网络输入相量，$\dfrac{\dot{R}(\mathrm{j}\omega)}{\dot{E}(\mathrm{j}\omega)}$

（3）$\dfrac{\dot{U}_1(\mathrm{j}\omega)}{\dot{I}_1(\mathrm{j}\omega)}$，$\dfrac{\dot{U}_2(\mathrm{j}\omega)}{\dot{I}_2(\mathrm{j}\omega)}$，$\dfrac{\dot{I}_1(\mathrm{j}\omega)}{\dot{U}_1(\mathrm{j}\omega)}$，$\dfrac{\dot{I}_2(\mathrm{j}\omega)}{\dot{U}_2(\mathrm{j}\omega)}$，$\dfrac{\dot{U}_1(\mathrm{j}\omega)}{\dot{I}_2(\mathrm{j}\omega)}$，$\dfrac{\dot{U}_2(\mathrm{j}\omega)}{\dot{I}_1(\mathrm{j}\omega)}$，$\dfrac{\dot{I}_2(\mathrm{j}\omega)}{\dot{U}_1(\mathrm{j}\omega)}$，$\dfrac{\dot{I}_1(\mathrm{j}\omega)}{\dot{U}_2(\mathrm{j}\omega)}$，

$\dfrac{\dot{I}_2(\mathrm{j}\omega)}{\dot{I}_1(\mathrm{j}\omega)}$，$\dfrac{\dot{I}_1(\mathrm{j}\omega)}{\dot{I}_2(\mathrm{j}\omega)}$，$\dfrac{\dot{U}_2(\mathrm{j}\omega)}{\dot{U}_1(\mathrm{j}\omega)}$，$\dfrac{\dot{U}_1(\mathrm{j}\omega)}{\dot{U}_2(\mathrm{j}\omega)}$

注意：

① 有关，有关，无关

② 幅频，相频

（4）同相位，谐振

（5）$R + \mathrm{j}\left(\omega L - \dfrac{1}{\omega C}\right)$，0，$\omega L = \dfrac{1}{\omega C}$，$R$，$\dfrac{1}{\sqrt{LC}}$，$\dfrac{1}{2\pi\sqrt{LC}}$

（6）ω，L 或 C（常改变 C）

（7）① 同相，R，最小，最大，U/R

② 相等，相反，电压，短路，$\dot{U}_R$，$j\omega_0 L\dot{I} = j\omega_0 L\dfrac{\dot{U}}{R}$，$-j\dfrac{\dot{I}}{\omega_0 C} = -j\omega_0 L\dfrac{\dot{U}}{R}$

③ 大，过电压

④ $UI\cos\varphi = UI = RI_0^2 = U^2/R$，最大，0

⑤ 不与电源进行能量交换，最大值

（8）$\dfrac{\omega_0 L}{R}$，$\dfrac{1}{R}\sqrt{\dfrac{L}{C}}$，$\dfrac{\rho}{R}$，总能量，小，剧烈，好

2. 知识点的应用

（1）$\dfrac{j\omega RC + 1 - \omega^2 LC}{j\omega(R^2 C + L) + R - 2\omega^2 RLC}$，$\dfrac{j\omega L}{j\omega(R^2 C + L) + R - 2\omega^2 RLC}$，

$j\omega(R^2 C + L) + R - 2\omega^2 RLC$

（2）$100\ \Omega$，$2/3\ \text{H}$，$1/6\ \mu\text{F}$，20

（二）视频：并联谐振

1. 视频知识点归纳总结

1）$\dfrac{1}{R} + j\left(\omega C - \dfrac{1}{\omega L}\right)$，$\omega C = \dfrac{1}{\omega L}$，$\dfrac{1}{R}$，$\dfrac{1}{\sqrt{LC}}$，$\dfrac{1}{2\pi\sqrt{LC}}$

2）

（1）同相，$\dfrac{1}{R}$，小，大

（2）相等，相反，0，电流

（3）大，过电流

（4）$UI = U^2/R$，最大，0

（5）不与电源进行能量交换，最大值（$LQ^2 I_S^2$）

3）$\dfrac{R}{R^2 + (\omega L)^2} + j\left(\omega C - \dfrac{\omega L}{R^2 + (\omega L)^2}\right)$，$\omega_0 C - \dfrac{\omega_0 L}{R^2 + (\omega_0 L)^2} = 0$，$\sqrt{\dfrac{1}{LC} - \left(\dfrac{R}{L}\right)^2}$，

$\sqrt{\dfrac{L}{C}}$，不会，$\dfrac{R}{R^2 + (\omega L)^2}$，不是，最大，$\omega L$，$\dfrac{1}{\sqrt{LC}}$

4）

（1）$\dfrac{\text{储能元件支路量幅值}}{\text{电源幅值}}$，$\dfrac{U_L}{U_S}$，$\dfrac{U_C}{U_S}$，$\dfrac{\omega_0 L}{R}$，$\dfrac{1/\omega_0 C}{R}$，$\dfrac{1}{R}\sqrt{\dfrac{L}{C}}$，$\dfrac{I_L}{I_S}$，$\dfrac{I_C}{I_S}$，$\dfrac{1/\omega_0 L}{G}$

或 $\dfrac{R}{\omega_0 L}$，$\dfrac{\omega_0 C}{G}$ 或 $\omega_0 CR$，$\dfrac{1}{G}\sqrt{\dfrac{C}{L}}$ 或 $R\sqrt{\dfrac{C}{L}}$，大

（2）$2\pi\dfrac{\text{谐振时电路中电磁场的总储能}}{\text{谐振时一周期内电路消耗的能量}}$，$2\pi\cdot\dfrac{LI_0^2}{RI_0^2 T_0}$，$\omega_0 \cdot\dfrac{LI_0^2}{RI_0^2}$，$\dfrac{\omega_0 L}{R}$，$\dfrac{1/\omega_0 C}{R}$，

$\dfrac{1}{R}\sqrt{\dfrac{L}{C}}$，$2\pi\cdot\dfrac{CU_0^2}{GU_0^2 T_0}$，$\omega_0\cdot\dfrac{CU_0^2}{GU_0^2}$，$\dfrac{\omega_0 C}{G}$，$\dfrac{1/\omega_0 L}{G}$，$\dfrac{1}{G}\sqrt{\dfrac{C}{L}}$，电磁场的总储能，小

（3）$\dfrac{1}{\eta_2-\eta_1}$，$\dfrac{\omega_0}{\omega_2-\omega_1}$，$\dfrac{f_0}{f_2-f_1}$，$\omega_2-\omega_1$，$f_2-f_1$，窄，好

2. 知识点的应用

（1）50 rad/s，$I_L=I_C=0.5$ A，50

（2）12 A

（3）1.625 Ω，70

第十一章　三相电路

（一）视频：三相电路，三相电路线、相电压（电流）关系

1. 视频知识点归纳总结

（1）三相同步发电机，互差 120°，对称三相电源

（2）120°，首端，尾端

（3）频率相同，幅值相同，时间相位彼此互差 120°

（4）
$$u_A(t)=\sqrt{2}U\cos\omega t \qquad \dot{U}_A=U\angle 0°$$
$$u_B(t)=\sqrt{2}U\cos(\omega t-120°) \qquad \dot{U}_B=U\angle -120°$$
$$u_C(t)=\sqrt{2}U\cos(\omega t+120°) \qquad \dot{U}_C=U\angle 120°$$
相量图略。$\dot{U}_A+\dot{U}_B+\dot{U}_C=0$

（5）星形，三角形，（a）（b），（c）（d）；

把三个绕组的末端 X、Y、Z 接在一起，把始端 A、B、C 引出来；

三个绕组始末端顺序相接

（6）① 始端 A、B、C 三端引出线

② 中性点 N 引出线，△接无中线

③ 由三条端线和中性线组成的三相电路

④ 由三条端线没有中性线组成的三相电路

⑤ 端线流过的电流

⑥ 端线与端线之间的电压

⑦ 一相负载流过的电流

⑧ 每相电源或负载的电压

图略。

（7）对称三相电源，对称三相负载

（8）模，角

（9）星形，三角形

（10）

相电压：相量图略

相电压：$\dot{U}_{AN} = \dot{U}_A = U\angle 0°$

$\qquad\qquad \dot{U}_{BN} = \dot{U}_B = U\angle -120°$

$\qquad\qquad \dot{U}_{CN} = \dot{U}_C = U\angle 120°$

线电压：$\dot{U}_{AB} = \sqrt{3}\dot{U}_{AN}\angle 30°$

$\qquad\qquad \dot{U}_{BC} = \sqrt{3}\dot{U}_{BN}\angle 30°$

$\qquad\qquad \dot{U}_{CA} = \sqrt{3}\dot{U}_{CN}\angle 30°$

结论：

① 等于，$=$；② 对称；③ $\sqrt{3}$，$\sqrt{3}$；④超前对应，30

（11）

线电压：相量图略。

相电流：$\dot{I}_{ab} = I\angle 0°$ V，$\dot{I}_{bc} = I\angle -120°$ V，$\dot{I}_{ca} = I\angle 120°$ V

线电流：$\dot{I}_a = \dot{I}_{ab} - \dot{I}_{ca} = (1-a)\dot{I}_{ab} = \sqrt{3}\dot{I}_{ab}\angle -30°$

$\qquad\qquad \dot{I}_b = \dot{I}_{bc} - \dot{I}_{ab} = (1-a)\dot{I}_{bc} = \sqrt{3}\dot{I}_{bc}\angle -30°$

$\qquad\qquad \dot{I}_c = \dot{I}_{ca} - \dot{I}_{bc} = (1-a)\dot{I}_{ca} = \sqrt{3}\dot{I}_{ca}\angle -30°$

结论：

① 等于，$=$；② 对称；③ $\sqrt{3}$，$\sqrt{3}$；④ 滞后对应，30

2. 知识点的应用

（1）2

（2）$\dot{U}_{BA} = \sqrt{3}U\angle -150°$，$\dot{U}_{BC} = \sqrt{3}U\angle -90°$，$\dot{U}_{CA} = \sqrt{3}U\angle +150°$

（3）$\dot{I}_{ab} = \sqrt{3}\angle 0°$，$\dot{I}_{bc} = \sqrt{3}\angle -120°$，$\dot{I}_{ca} = \sqrt{3}\angle 120°$

$\qquad \dot{I}_A = 3\angle -30°$，$\dot{I}_B = 3\angle -150°$，$\dot{I}_A = 3\angle 90°$

（二）视频：对称三相电路的计算

1. 视频知识点归纳总结

（1）$\left(\dfrac{1}{Z} + \dfrac{1}{Z} + \dfrac{1}{Z}\right)\dot{U}_{nN} = \dfrac{1}{Z}\dot{U}_A + \dfrac{1}{Z}\dot{U}_B + \dfrac{1}{Z}\dot{U}_C$

$\qquad \dfrac{3}{Z}\dot{U}_{nN} = \dfrac{1}{Z}(\dot{U}_A + \dot{U}_B + \dot{U}_C)$

（2）0 ① 0，0，短路线，阻抗

② 单独，单相；单相电路图略。

$\qquad \dot{I}_A = \dfrac{\dot{U}_A}{Z}$，$\dot{I}_B = \dfrac{\dot{U}_B}{Z}$，$\dot{I}_C = \dfrac{\dot{U}_C}{Z}$

③ 相等，相同，120，对称，单相。

（3）

① Y-Y

② 阻抗

③④ 略

⑤ 对称性

2. 知识点的应用

（1）0， $\dot{I}_B = I\angle\alpha - 120° \text{ A}$ ， $\dot{I}_C = I\angle\alpha + 120° \text{ A}$

（2）① 单相图略。

② $\dot{U}_A = 220\angle 0° \text{ V}$ ， $\dot{I}_A = \dfrac{\dot{U}_A}{Z/3} = \dfrac{220\angle 0°}{(100\angle 30°)/3} = 6.6\angle -30°$

$\dot{I}_B = 6.6\angle -150°$ ， $\dot{I}_C = 6.6\angle 90°$

（3）方法一： △-△ 连接，抽单相计算

① 等于，单相电路图略。

② $\dot{I}_{ab} = \dfrac{\dot{U}_{AB}}{Z} = \dfrac{380\angle 0°}{100\angle 30°} = 3.8\angle -30° \text{ A}$

方法二：

① 单相电路图略。

② $\dot{U}_A = 220\angle -30° \text{ V}$

$\dot{I}_A = \dfrac{\dot{U}_A}{Z/3} = \dfrac{220\angle -30°}{(100\angle 30°)/3} = 6.6\angle -60°$ ， $\dot{I}_B = 6.6\angle -180°$ ， $\dot{I}_C = 6.6\angle +60°$

（三）视频：三相电路的功率

1. 视频知识点归纳总结

（1） $3U_pI_p\cos\varphi$ ， $\sqrt{3}U_lI_l\cos\varphi$

$3U_pI_p\sin\varphi$ ， $\sqrt{3}U_lI_l\sin\varphi$ ， $\sqrt{P^2+Q^2}$ ， $3U_pI_p$ ， $\sqrt{3}U_lI_l$ ，负载相电压，相电流，三相负载功率。

（2）三，二瓦特表法。图略。

（3） $P_A + P_B + P_C$ ， $3U_pI_p\cos\varphi$ ，常数，三相功率。

2. 知识点的应用

（1） $\dot{I}_A = \dfrac{200\angle 30°}{100\angle 30°} = 2 \text{ A}$

$P = 3UI\cos\varphi = 3\times 200\times 2\times \dfrac{\sqrt{3}}{2} = 600\sqrt{3} \text{ (W)}$

$Q = 3UI\sin\varphi = 3\times 200\times 2\times \dfrac{1}{2} = 600 \text{ (var)}$

2. $\dot{U}_{AB}$ 与 $\dot{I}_A$ ， $200\sqrt{3}\angle 60°$ ， $\dfrac{\dot{U}_A}{Z}$ ， $2\angle 0°$ ， $60°$ ， $200\sqrt{3}$

图略。

第十二章　非正弦周期电流电路和信号的频谱

（一）视频：非正弦周期信号及其分解，有效值、平均值和平均功率

1. 视频知识点归纳总结

（1）不是正弦波，按周期规律变化

（2）$a_0 + \sum_{k=1}^{\infty}[a_k \cos k\omega_1 t + b_k \sin k\omega_1 t]$，$a_0$，$\sqrt{a_k^2 + b_k^2}$，$A_{km}\cos\varphi_k$，$-A_{km}\sin\varphi_k$，$\arctan\dfrac{-b_k}{a_k}$

（3）① $f(-t)$，$a_0 + \sum_{k=1}^{\infty}[a_k \cos k\omega_1 t - b_k \sin k\omega_1 t]$，$b_k$

② $-f(t)$，$-a_0 + \sum_{k=1}^{\infty}[-a_k \cos k\omega_1 t - b_k \sin k\omega_1 t]$，$a_k$

③ $-f\left(t + \dfrac{T}{2}\right)$，奇数，$a_{2k} = b_{2k}$

（4）$A_{km} \sim k\omega_1$，$\varphi_k \sim k\omega_1$

（5）$\sqrt{I_0^2 + I_1^2 + I_2^2 + \cdots}$，直流分量及各次谐波分量有效值平方和

（6）$\dfrac{1}{T}\int_0^T |i(\omega t)|\mathrm{d}t$，$0.898I$

（7）$\dfrac{1}{T}\int_0^T u \cdot i \,\mathrm{d}t$，$U_0 I_0 + \sum_{k=1}^{\infty} U_k I_k \cos\varphi_k (\varphi_k = \varphi_{uk} - \varphi_{ik})$，

直流分量的功率，各次谐波的平均功率

2. 知识点的应用

（1）$2\sqrt{3}$

（2）17.07

（二）视频：非正弦周期电流电路的计算

1. 视频知识点归纳总结

（1）不同频率的谐波信号

（2）相量法　①开路、短路；② X_L、X_C

（3）正弦量

（4）时域正弦量

不同频率正弦电流相量或电压相量直接相加。

2. 知识点的应用

（1）

$$i_S = \frac{I_m}{2} + \frac{2I_m}{\pi}\left(\sin\omega t + \frac{1}{3}\sin 3\omega t + \frac{1}{5}\sin 5\omega t + \cdots\right)，\quad 157\ \mu A，\quad 6.28\ \mu s，$$

$78.5\ \mu A，\quad 100\ \mu A，\quad 33.3\ \mu A，\quad 20\ \mu A，\quad 10^6\ rad/s，$

$78.5\ \mu A，\quad 100\sin 10^6 t\ \mu A，\quad 33.3\sin(3\times 10^6)t\ \mu A，\quad 20\sin(5\times 10^6)t\ \mu A$

（2）

① 断路，短路，1.57 mV

② $\dot{U}_1 = \dfrac{5\,000}{\sqrt{2}}\angle -90°\ mV$

③ $\dot{U}_3 = = \dfrac{12.47}{\sqrt{2}}\angle -179.2°\ mV$

④ $\dot{U}_5 = \dfrac{4.166}{\sqrt{2}}\angle -179.53°\ mV$

（3）$u = U_0 + u_1 + u_3 + u_5 \approx 1.57 + 5\,000\cos(\omega t - 90°) + 12.47\cos(3\omega t - 179.2°) +$
$\quad\quad 4.166\cos(5\omega t - 179.53°)$

第十三章　线性动态电路的复频域分析

（一）视频：拉普拉斯变换的定义、性质

1. 视频知识点归纳总结

1）数学积分变换，时间，复变，时间，复频，高阶微分，代数

2）$[0，\infty)$，$F(s) = \displaystyle\int_{0_-}^{+\infty} f(t)e^{-st}dt$，$\sigma + j\omega$，象函数，原函数，拉普拉斯反变

换，$f(t) = \dfrac{1}{2\pi j}\displaystyle\int_{c-j\infty}^{c+j\infty} F(s)e^{st}ds$，正的有限常数

（1）0_-　　（2）$I(s)$，$U(s)$　　（3）$\displaystyle\int_{0_-}^{\infty}\left|f(t)e^{-st}\right|dt < \infty$

3）$A_1F_1(s) + A_2F_2(s)$

4）$sF(s) - f(0_-)$

5）$\dfrac{F(s)}{s}$

6）$e^{-st_0}F(s)$

7）$\mathscr{L}[e^{-\alpha t}f(t)]$

2. 知识点的应用

1）$\displaystyle\int_{0_-}^{\infty}\varepsilon(t)e^{-st}dt$，$\displaystyle\int_{0_+}^{\infty}e^{-st}dt$，$-\dfrac{1}{s}e^{-st}\Big|_{0_+}^{\infty}$，$\dfrac{1}{s}$，$1$，$\dfrac{1}{s}$

2）$\int_{0_-}^{\infty} \delta(t)\mathrm{e}^{-st}\mathrm{d}t$，$\int_{0_-}^{0_+} \delta(t)\mathrm{e}^{-st}\mathrm{d}t$，$\mathrm{e}^{-s0}$，$1$

3）$\int_{0_-}^{\infty}\mathrm{e}^{-at}\mathrm{e}^{-st}\mathrm{d}t$，$-\dfrac{1}{s+a}\mathrm{e}^{-(s+a)t}\Big|_0^{\infty}$，$\dfrac{1}{s+a}$

4）（1）$\dfrac{K}{s}-\dfrac{K}{s+a}$，$\dfrac{Ka}{s(s+a)}$

（2）$\dfrac{1}{2\mathrm{j}}\left[\dfrac{1}{s-\mathrm{j}\omega}-\dfrac{1}{s+\mathrm{j}\omega}\right]$，$\dfrac{\omega}{s^2+\omega^2}$

5）（1）$\dfrac{1}{\omega}\dfrac{\mathrm{d}(\sin\omega t)}{\mathrm{d}t}$，$\dfrac{1}{\omega}\left(s\dfrac{\omega}{s^2+\omega^2}-0\right)$，$\dfrac{s}{s^2+\omega^2}$

（2）$\dfrac{1}{s}$，$s\cdot\dfrac{1}{s}-0$，1

6）$\dfrac{1}{s}\cdot\dfrac{1}{s}$，$\dfrac{1}{s^2}$，$\mathscr{L}\left[2\int_{0_-}^{t}\xi\mathrm{d}\xi\right]$，$\dfrac{2}{s^3}$

7）$\varepsilon(t)-\varepsilon(t-T)$，$\dfrac{1}{s}-\dfrac{1}{s}\mathrm{e}^{-sT}$

8）（1）$\dfrac{\omega}{s^2+\omega^2}$，$F_1(s+\alpha)$，$\dfrac{\omega}{(s+\alpha)^2+\omega^2}$

（2）$\dfrac{s}{s^2+\omega^2}$，$F_2(s+\alpha)$，$\dfrac{s+\alpha}{(s+\alpha)^2+\omega^2}$

9）（1）$\dfrac{s\sin\varphi+\omega\cos\varphi}{s^2+\omega^2}$

（2）$\dfrac{s^3-4s^2+12}{s^4}$

（3）$\dfrac{28s^2+140s+160}{s^3+5s^2+4s}$

（二）视频：拉普拉斯反变换的部分分式展开 1

1. 视频知识点归纳总结

（2）① $\dfrac{K_1}{s-p_1}+\dfrac{K_2}{s-p_2}+\cdots+\dfrac{K_n}{s-p_n}$

① $(s-p_i)F(s)\big|_{s=p_i}$，$\lim\limits_{s\to p_i}\dfrac{(s-p_i)N'(s)+N(s)}{D'(s)}$，$\dfrac{N(s)}{D'(s)}$

（2）$\dfrac{K_1}{s-\alpha-\mathrm{j}\omega}+\dfrac{K_2}{s-\alpha+\mathrm{j}\omega}$，$(S-\alpha-\mathrm{j}\omega)F(S)\big|_{S=\alpha+\mathrm{j}\omega}$，$(S-\alpha+\mathrm{j}\omega)F(S)\big|_{S=\alpha-\mathrm{j}\omega}$

共轭复数，$|K|\mathrm{e}^{\mathrm{j}\theta}\cdot\mathrm{e}^{(\alpha+\mathrm{j}\omega)t}+|K|\mathrm{e}^{-\mathrm{j}\theta}\cdot\mathrm{e}^{(\alpha-\mathrm{j}\omega)t}$，$|K|\mathrm{e}^{\alpha t}\cdot[\mathrm{e}^{\mathrm{j}(\omega+\theta)t}+\mathrm{e}^{-\mathrm{j}(\omega+\theta)t}]$，

$s-\alpha-\mathrm{j}\omega$，$s-\alpha+\mathrm{j}\omega$

2. 知识点的应用

1）（1）$2.5 - 5e^{-t} + 1.5e^{-2t}$

（2）$-3e^{-2t} + 7e^{-3t}$

2）$-1 \pm j1$，-1，1，$\dfrac{K_1}{s-(-1+j1)} + \dfrac{K_2}{s-(-1-j1)}$，$\dfrac{s}{s-(-1-j1)}\Big|_{s=-1+j1}$，$0.5+j0.5$ 或

$0.707\angle 45°$，0.707，$45°$，$2|K|e^{\alpha t}\cos(\omega t + \theta)$，$1.414e^{-t}\cos(t+45°)$

（三）视频：拉普拉斯反变换的部分分式展开 2

1. 视频知识点归纳总结

（1）$\mathscr{L}[e^{-\alpha t}\sin\omega t] = \dfrac{\omega}{(s+\alpha)^2 + \omega^2}$，$\mathscr{L}[e^{-\alpha t}\cos\omega t] = \dfrac{s+\alpha}{(s+\alpha)^2 + \omega^2}$

（2）$(s-p_1)^q F(s)\big|_{s=p_1}$，$\dfrac{\mathrm{d}}{\mathrm{d}s}[(s-p_1)^q F(s)]_{s=p_1}$，$\dfrac{1}{(q-1)!}\dfrac{\mathrm{d}^{q-1}}{\mathrm{d}s^{q-1}}[(s-p_1)^q F(s)]_{s=p_1}$，

$K_{1q}e^{p_1 t} + K_{1(q-1)}te^{p_1 t} + \cdots + \dfrac{1}{(q-2)!}K_{12}t^{q-2}e^{p_1 t} + \dfrac{1}{(q-1)!}K_{11}t^{q-1}e^{p_1 t}$

2. 知识点的应用

（1）$\dfrac{s+1}{(s+1)^2 + 1^2} - \dfrac{1}{(s+1)^2 + 1^2}$，$e^{-t}\cos t - e^{-t}\sin t$，$1.414e^{-t}\cos(t+45°)$

（2）$(s^2 + 2s + 2)\big|_{s=-2}$，$2$，$(2s+2)\big|_{s=-2}$，$-2$，$\dfrac{1}{2}\dfrac{\mathrm{d}^2}{\mathrm{d}s^2}[(s+2)^3 F(s)]\Big|_{s=-2}$，$\dfrac{1}{2}\times 2$，$1$，

$\dfrac{1}{s+2} + \dfrac{-2}{(s+2)^2} + \dfrac{2}{(s+2)^3}$，$e^{-2t} - 2te^{-2t} + t^2 e^{-2t}$

（四）视频：运算电路

1. 视频知识点归纳总结

1）$\sum i(t) = 0$，$\sum u(t) = 0$，$\sum \dot{I} = 0$，$\sum \dot{U} = 0$，$\sum I(s) = 0$，$\sum U(s) = 0$

2）略

2. 知识点的应用

（1）断开，短路，开路，$t=0_-$ 电路图略。2，2，0

（2）象函数，运算模型略

（五）视频：应用拉普拉斯变换法分析线性电路

1. 视频知识点归纳总结

（1）初始值

（2）象函数，运算阻抗，附加电源

（3）象函数

（4）原函数

2. 知识点的应用

（1）20，10，运算模型略

（2）$I(s) = \dfrac{0.2}{s + 5 \times 10^4}$，$U_{C_1}(s) = \dfrac{30}{s} - \dfrac{10}{s + 5 \times 10^4}$，$U_{C_2}(s) = \dfrac{30}{s} - \dfrac{20}{s + 5 \times 10^4}$。

（3）$i(t) = 0.2\mathrm{e}^{-5 \times 10^4 t}$ A，$u_{C_1}(t) = 30 - 10\mathrm{e}^{-5 \times 10^4 t}$ V，$u_{C_2}(t) = 30 - 20\mathrm{e}^{-5 \times 10^4 t}$ V。

（六）视频：网络函数

1. 视频知识点归纳总结

（1）时不变，单一电源，其零状态响应的象函数与激励的象函数，$\dfrac{R(s)}{E(s)}$

（2）驱动点阻抗，转移阻抗，驱动点导纳，转移导纳，电压转移函数，电流转移函数

（3）$H(s)$，象函数，$\delta(t)$，冲激响应，$\mathscr{L}^{-1}[H(s)]$

（4）零状态，$H(s)E(s)$

（5）$s = z_i$，z_i，零点，$s = p_j$，p_j，极点，重零点，重极点

（6）×，o

（7）$\delta(t)$，冲激响应，$\mathscr{L}^{-1}[H(s)]$

（8）$\mathscr{L}^{-1}[H(s)]$，$\mathscr{L}^{-1}[\sum\limits_{i=1}^{n} \dfrac{K_i}{s - p_i}]$，极点，自由分量

（9）① 衰减的指数函数，增长的指数函数，衰减，增长，减小，稳定，增大，不稳定

② 包络线，增长，衰减

③ 纯正弦函数

减小，稳定，自然频率，固有频率，极点分布情况，激励变化规律

（10）频率响应，$H_0 \dfrac{\prod\limits_{i=1}^{m}\left|(j\omega - z_i)\right|}{\prod\limits_{j=1}^{n}\left|(j\omega - p_j)\right|}$，$\sum\limits_{i=1}^{m}\arg(j\omega - z_i) - \sum\limits_{j=1}^{n}\arg(j\omega - p_j)$，幅频特性，

相频特性

2. 知识点的应用

（1）① 略。

② $\dfrac{U_C(s)}{I_s(s)}$，驱动点阻抗，$\dfrac{R}{RCs+1}$

③ $\dfrac{R}{RCs+1}$，$\dfrac{1}{C}\mathrm{e}^{-\frac{t}{RC}}$

（2）略。